APART MENT

住宅

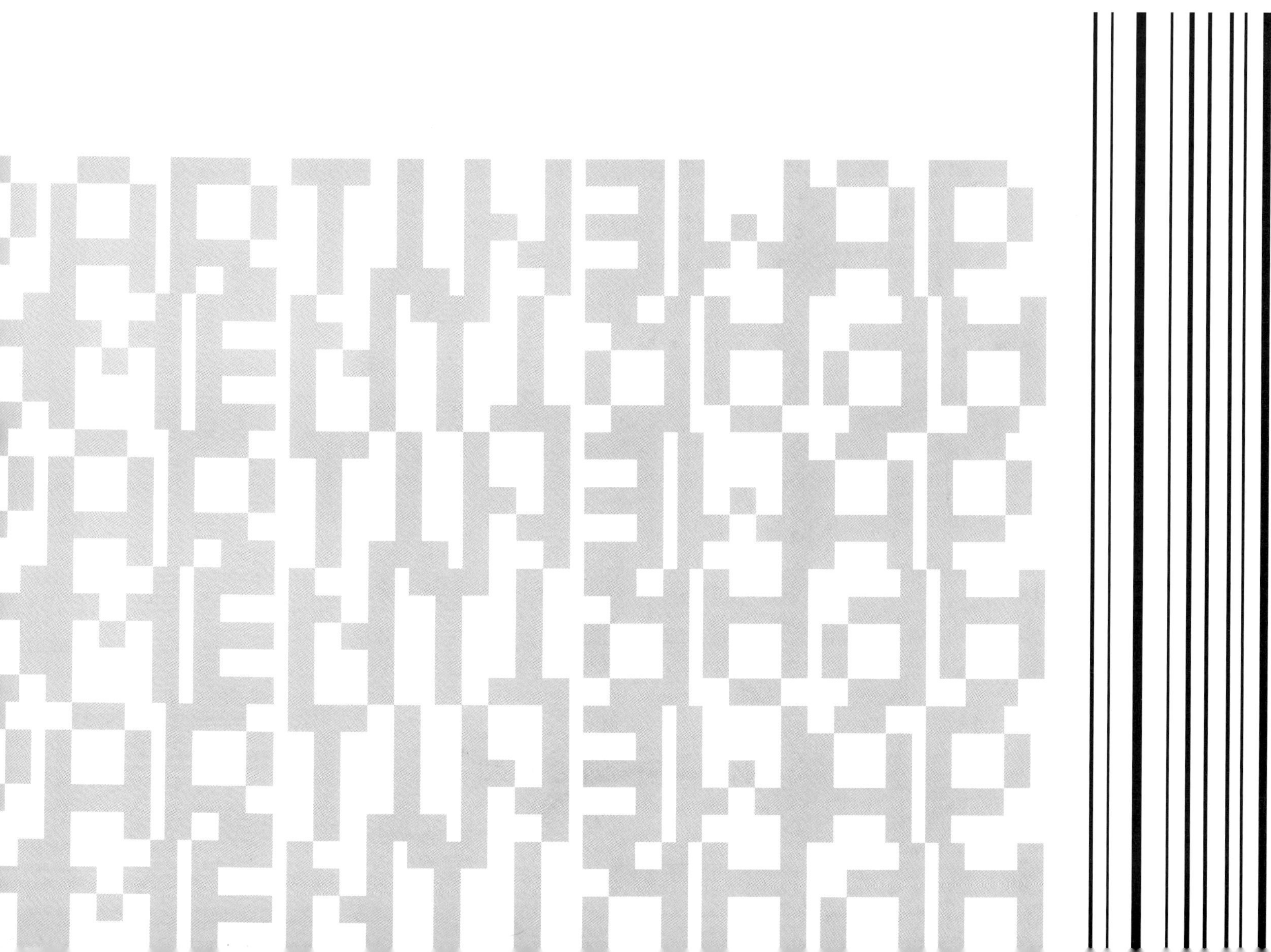

目录

CONTENTS

主案设计：
马昌国 Ma Changguo
博客：
http:// 172321.china-designer.com
公司：
上海俱意室内设计工程有限公司
职位：
设计总监

奖项：

中国——上海 第四届建筑装饰设计大赛（住宅）一等奖

中国——上海 第四届建筑装饰设计大赛（公共建筑）三等奖

中国深圳第二届室内设计文化节优秀室内作品展

商业空间类优选

IDAA国际设计大赛商业空间类金奖

项目：

穿越幸福空间

水木空间

圆舞曲

爵士办公空间

温馨小筑

空间的新生价值

空间的新生价值
New Value

A 项目定位 Design Proposition

可以透过既有的模式来表现，也可以出其不意；令人称绝；为了未来，空间的重生绝对必要，设计师将复杂的长型空间重新定义，表现出来的，是另一种价值与精彩。

B 环境风格 Creativity & Aesthetics

规划初期，考虑狭长的旧有基地为位于工业区内，因此无论在相关管线、屋型、外在环境及比例上，其实并不适合做为住宅使用，加上还有占据基地1/4的楼梯、主要结构中心落在左右两侧的建物墙面、以及楼层高度、梁柱位置、彼此之间的跨距都不尽相同等重重障碍，想要重新有系统的重整与安排出理想的家居环境，同时兼具光影的互动及安全性，真的让设计师煞费苦心，然而反向思考的结果是：空间的挑战性愈高，其实愈能激荡出更精彩且优质的创意！

C 空间布局 Space Planning

首先将占据相当大面积的原有楼梯打掉改以进入起居空间的廊道，其右边规置为车库，其间的壁面以船舱式的趣味圆窗来表现。整体结构以C型钢来设计，其间加上梁柱T型结构，增强足够支撑力量，确保安全无虑。

D 设计选材 Materials & Cost Effectiveness

设计选材上以环保及创新为主要出发点，兼顾节能环保之概念，以绿建材及环保涂装木皮板作为主要使用之材料，透过设计的巧妙安排，让建筑物空气自然对流，采光自然引入室内，通过微气候建筑之概念运用，体现“以人为本”的设计思想，保持社会的可持续发展，追求自然、高效、经济、生态的人类环境。

E 使用效果 Fidelity to Client

此作品让居住者能自在享受一个具有个人生活风格与特色之居家空间。

Project Name_
New Value
Chief Designer_
Ma Changguo
Location_
TaiWan
Project Area_
280sqm
Cost_
1,500,000RMB

项目名称_
空间的新生价值
主案设计_
马昌国
项目地点_
台湾
项目面积_
280平方米
投资金额_
150万元

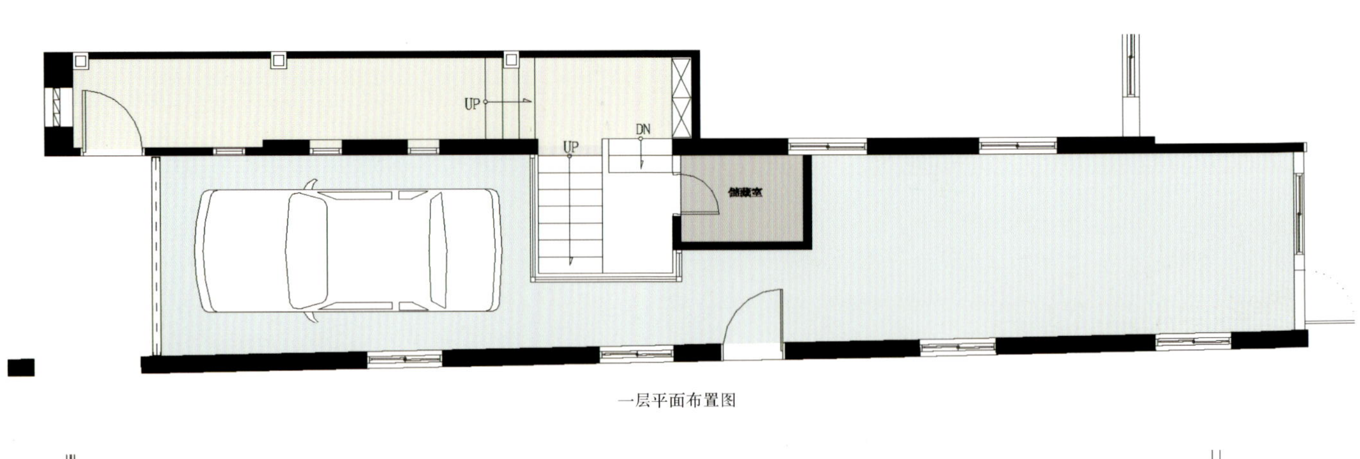

一层平面布置图

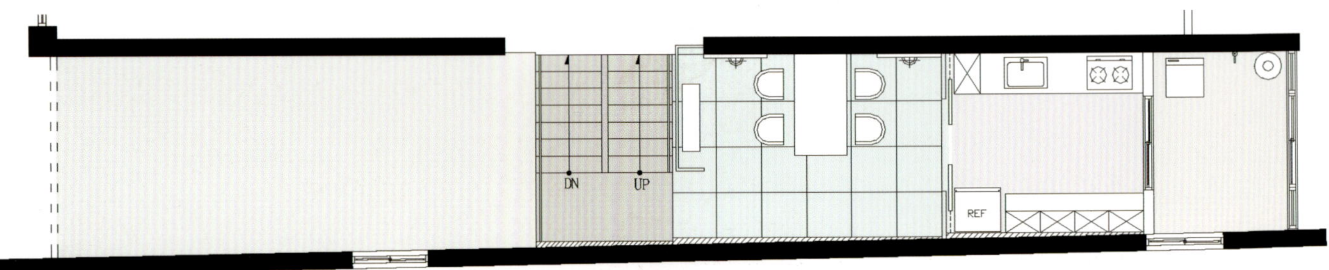

一层平面布置图

主案设计：
黄育波 Huang Yubo
博客：
http:// 1010724.china-designer.com
公司：
广州华浔品味装饰福州分公司
职位：
首席设计

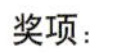

奖项：
第二届筑巢奖优秀奖

项目：
居住主题别墅
西提湾
世茂天城
长滩美墅
海润滨江
融侨锦江
融侨华府
水乡别墅
公园道一号
泰和红树林
棕榈泉花园
恒力城

福建福州大儒世家卧虎2#305

Great Cofucious Family: Croushing Tiger, Fuzhou

A 项目定位 Design Proposition

设计师让一种从未邂逅的生活模式改变着人们的居住观念，使人不由自主地进入它所营造的意境之中，也正是新东方风格的锐意表现。

B 环境风格 Creativity & Aesthetics

在这个新东方风格的家居设计中，创意与功能兼得，传统与现代并存。

C 空间布局 Space Planning

在设计渲染下，整体环境显得“矛盾”却摩登十足，颇有朴素中见卓识的意味。这种“协调并冲突”的风貌总能找到一个个落脚点与主人产生共鸣，不会让人与空间产生距离感，反而给居住带来诸多乐趣。

D 设计选材 Materials & Cost Effectiveness

八角窗等中式符号被巧妙地运用在空间中，唤起文化的记忆，而色彩鲜明的现代椅则以另一种理念丰富着空间的视觉层次，使得传统的雅致与现代的明快和谐地交融，诠释出崭新的东方风韵。

E 使用效果 Fidelity to Client

业主非常满意。

Project Name_
Great Cofucious Family: Croushing Tiger, Fuzhou
Chief Designer_
Huang Yubo
Location_
Fuzhou Fujian
Project Area_
130sqm
Cost_
300,000RMB

项目名称_
福建福州大儒世家卧虎2#305
主案设计_
黄育波
项目地点_
福建 福州
项目面积_
130平方米
投资金额_
30万元

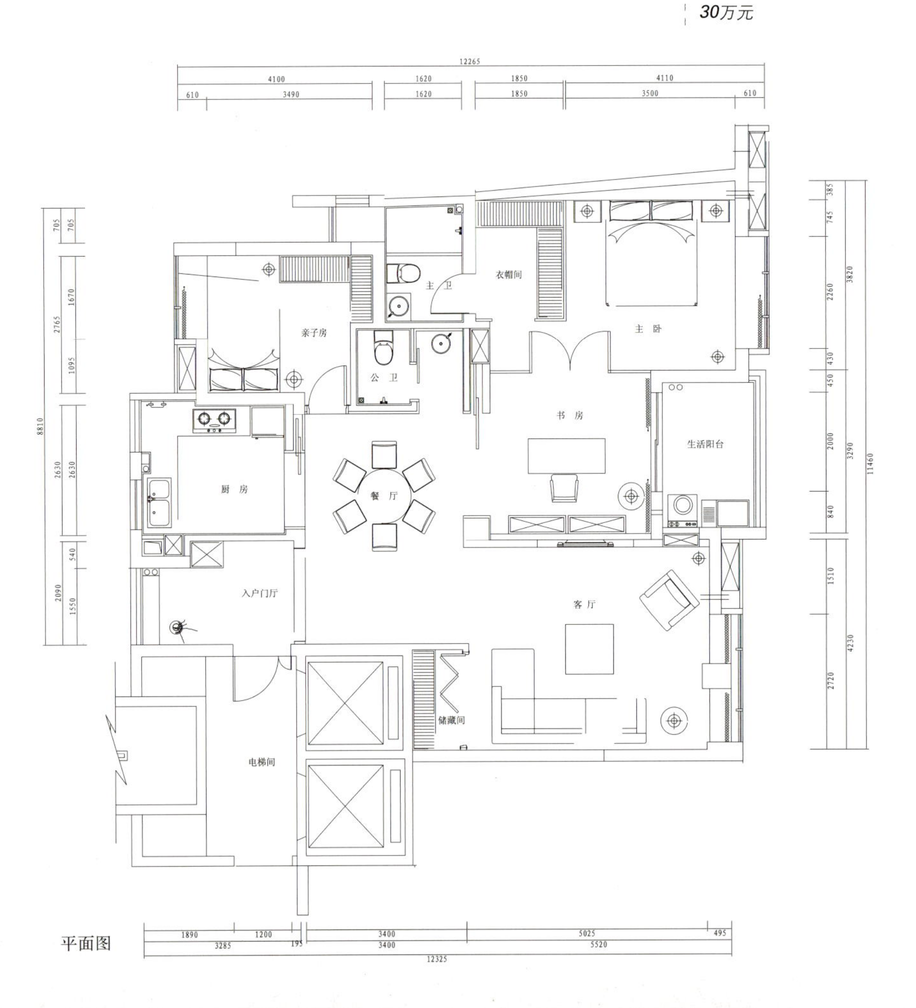

平面图

安邸AD

主案设计：
巫小伟 Wu Xiaowei
博客：
http:// 26329.china-designer.com
公司：
威利斯设计有限公司
职位：
设计总监

奖项：
2010年中国首届“数码家居设计大赛”优秀奖
2010年“紫荆花漆美居行动——颜色改变生活”主题设计大赛奇思妙想奖
2011年施耐德电气杯室内设计大赛二等奖
2011年“筑巢奖”设计大赛住宅方案类铜奖
2011年荣获中国杰出青年设计师称号

项目：
精致慢生活
爱菲拉酒庄
静谧的家园

上海奉贤·荷塘月色
Shanghai Fengxian - Lotus pond Moonlight

A 项目定位 Design Proposition
本案为复式加阁楼，总面积达250平方米，空间本身较大。但是，如何把这三层的空间巧妙的和为一体，既满足主人的生活需要，又满足其审美需要仍旧是需要大费周章的。

B 环境风格 Creativity & Aesthetics
古典与现代并存。在充分了解业主两代人的生活需求和共同的审美追求后，设计师把此案的整体风格定位为现代中式。设计师运用现代手法重新设计组合，把中国传统的庄重与优雅双重气质很好地体现出来。

C 空间布局 Space Planning
设计师根据主人的要求和房子本身的特点首先进行了房屋结构的改造和功能区域的细分。设计师最终将房子的三层空间分成三个不同的主要功能区域：第一层主要是会客区和公共活动空间，包含了客厅、客卧和厨房三个不同的功能区域，满足了主人交际会客的需求；二楼为主人的私密空间，设有主卧、书房、茶室等几个区域；阁楼的空间则被设计成娱乐休闲和贮藏区，包含了影视厅和贮藏室。

D 设计选材 Materials & Cost Effectiveness
中式元素在整个空间里随处可见，客厅里的镂空花板、电视背景的文化墙、中式移门、镂空楼梯等等无一不在彰显中式情结。空间里的一些家具的选购却是以现代风格为主的，客厅的沙发组、房间里的寝具等的选购均体现了现代家居的时尚与轻巧，现代简约的风格和中式风格并存，散发出独特的魅力。

E 使用效果 Fidelity to Client
业主感觉整体比较温馨自然且大气，适合自己生活居住。

Project Name_
Shanghai Fengxian - Lotus pond Moonlight
Chief Designer_
Wu Xiaowei
Location_
Fengxian Shanghai
Project Area_
250sqm
Cost_
800,000RMB

项目名称_
上海奉贤·荷塘月色
主案设计_
巫小伟
项目地点_
上海 奉贤
项目面积_
250平方米
投资金额_
80万元

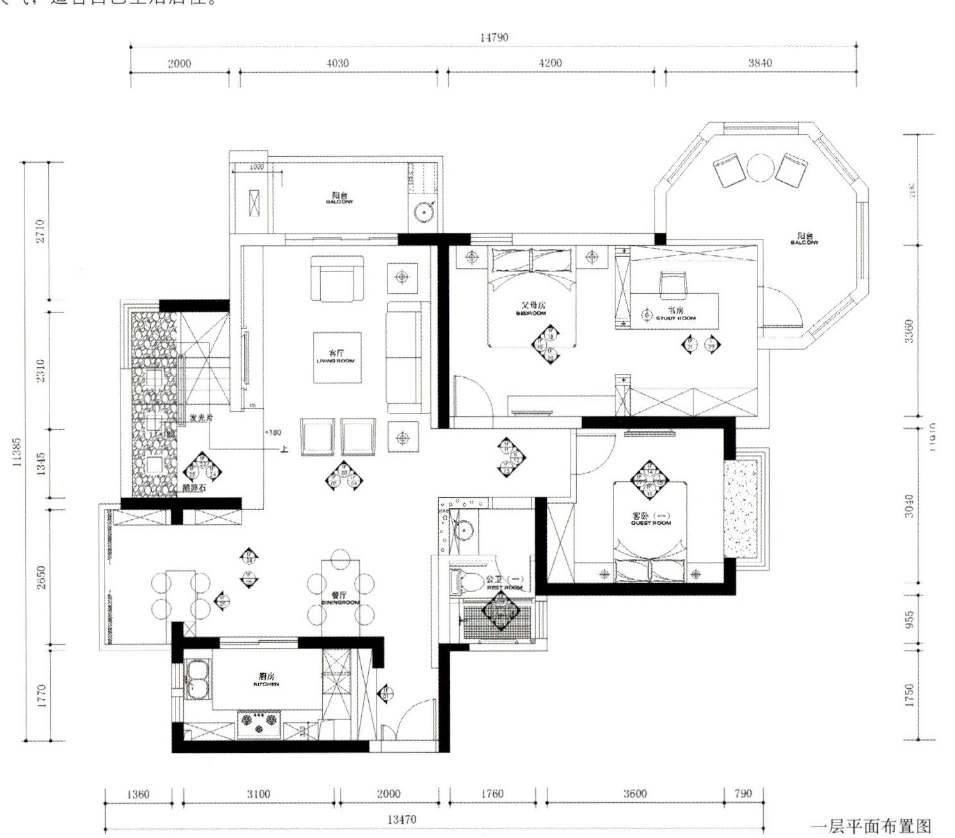

一层平面布置图

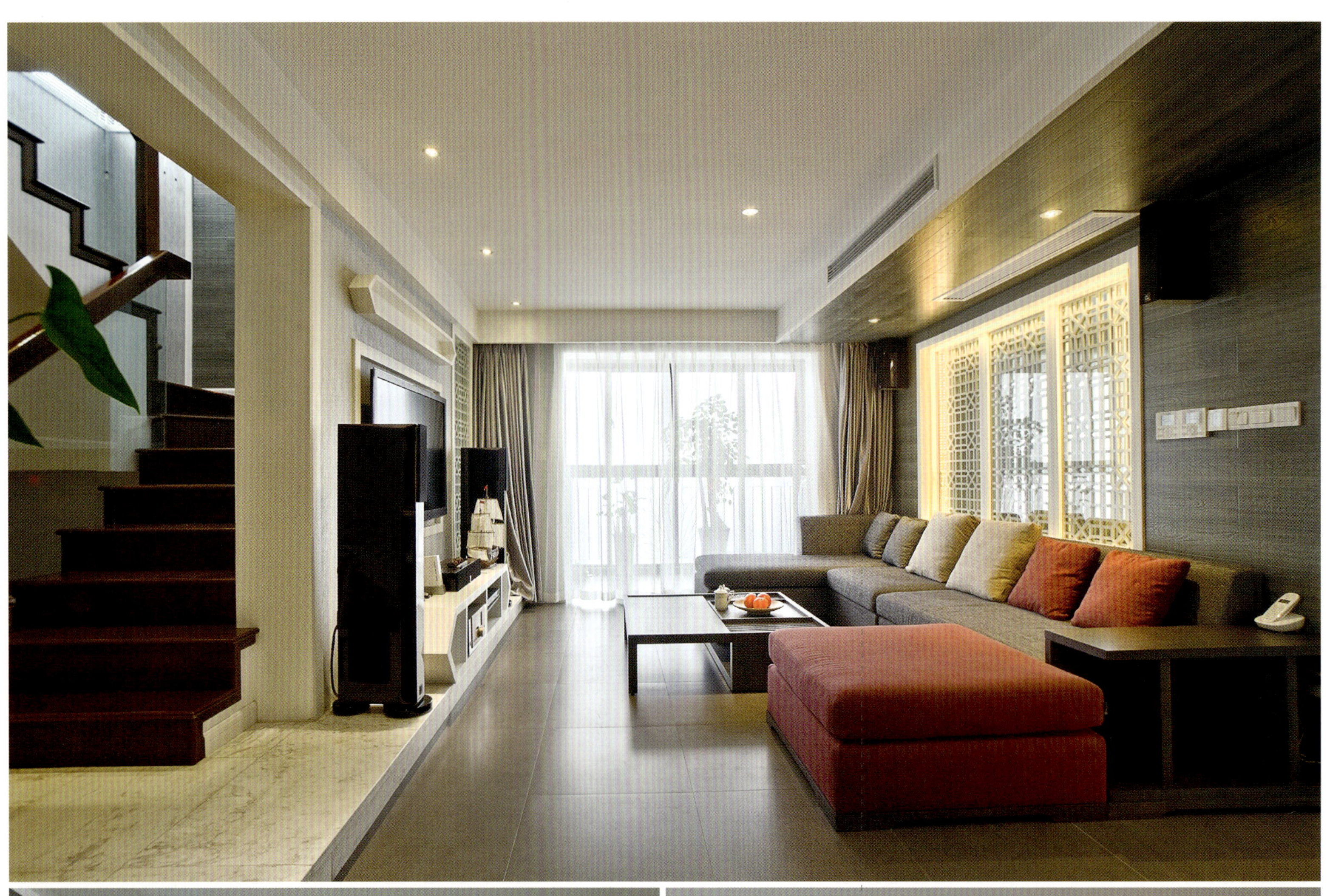

主案设计：
王严民 Wang Yanmin
博客：
http:// 113356.china-designer.com
公司：
黑龙江省佳木斯市豪思环境艺术顾问设计公司
职位：
首席设计师

奖项：
2011年中国室内设计大奖赛 优秀奖
2010年首届陈设中国“晶麒麟”奖提名奖
2010年中国室内设计“金堂奖”住宅公寓类年度十佳作品
2010年第八届中国国际室内设计双年展优秀奖
2009年香港第十七届亚太区室内设计大奖荣誉奖

空间的流畅之美
Fluency Beauty of Space

A 项目定位 Design Proposition
通过原始空间重新整合，满足了功能所求。

B 环境风格 Creativity & Aesthetics
把家打造得简约、时尚一些，强化一些点线面的结构关系。

C 空间布局 Space Planning
刚好融入乳白、米色、浅咖色的色彩与质感，总是那么经典，其间活跃着具有灵性之美的饰品物件，使家的气氛鲜活起来。

D 设计选材 Materials & Cost Effectiveness
自然本色的复合地板贯穿家居，造型洗练、质感温润，有意无意间进行空间结构再创造，具有界面之间立体效果。

E 使用效果 Fidelity to Client
体验着居家之中的流畅之美，气质之美。

Project Name_
Fluency Beauty of Space
Chief Designer_
Wang Yanmin
Location_
Jiamusi Heilongjiang
Project Area_
180sqm
Cost_
450,000RMB

项目名称_
空间的流畅之美
主案设计_
王严民
项目地点_
黑龙江 佳木斯
项目面积_
180平方米
投资金额_
45万元

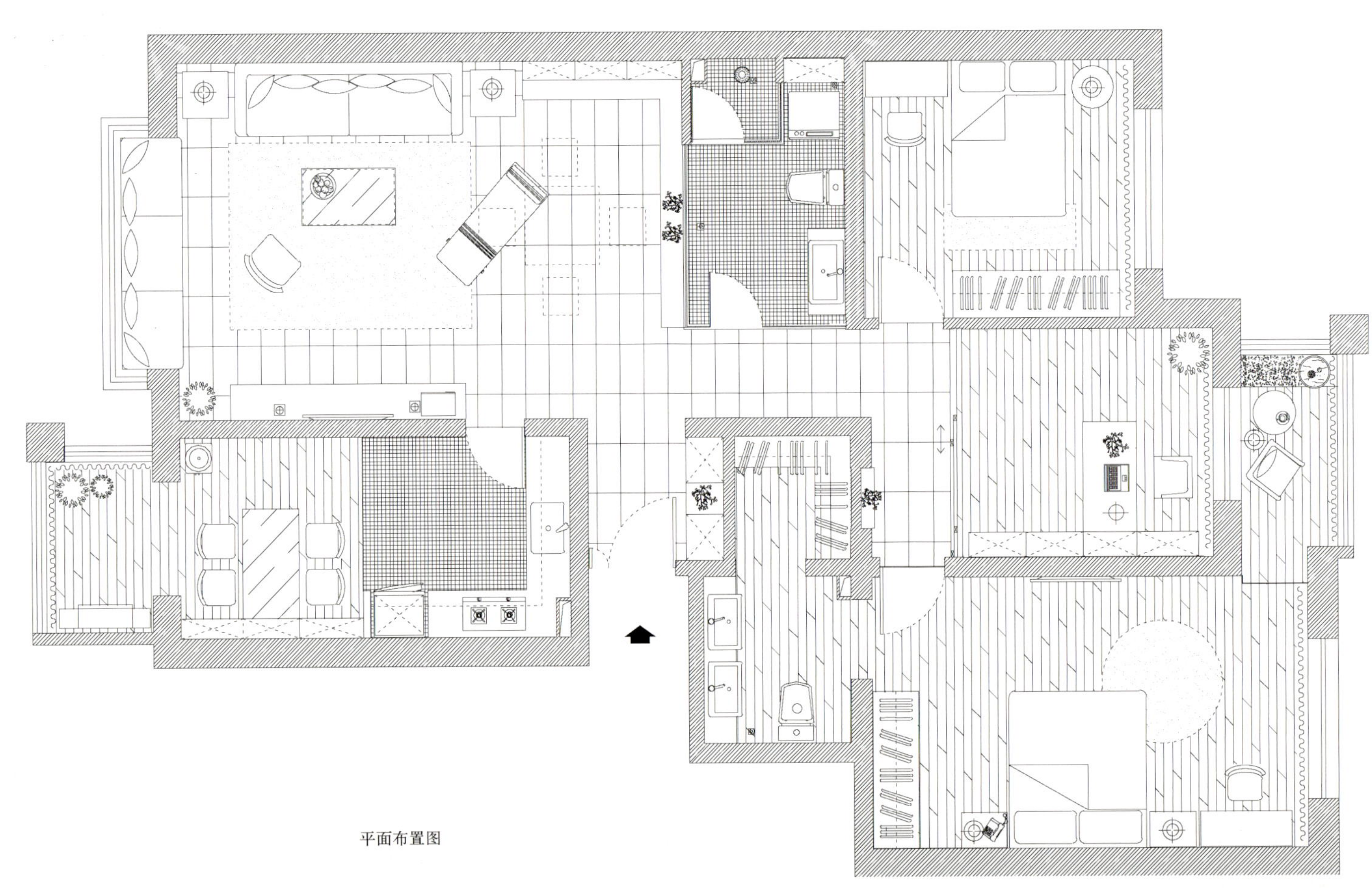

平面布置图

1123

主案设计：
萧爱彬 Xiao Aibin
博客：
http:// 165141.china-designer.com
公司：
上海萧视设计装饰有限公司
职位：
董事长、设计总监

奖项：
2012年最时尚家居 最佳创意奖
2011年当选中国室内设计年度影响力人物（CIID）
2011年CIID中国建筑学会第一届学会奖 评委
2011年获得中国十大高端住宅设计师称号

项目：
2012年香港匡湖居
2011年谷香九号
2009年“瞬息”

香港匡湖居

Hongkong KuangHuJu

A 项目定位 Design Proposition

香港是个寸土寸金的地方，到现场方感悟得到。紧挨一起的每家每户，都在做“地道战”工作，上天入地，加盖屋顶，深挖地下，我的这个业主，即做了5个层面，当然是错层。

B 环境风格 Creativity & Aesthetics

天然的景观使我们做起这套房子，显得十分轻松，风格的采用，也用了萧氏设计一贯的坚持，节能环保，简洁明快，空间大部采用白色，不希望太多的处理，不用费太大力气就可以好看，每一个窗外都是海景。

C 空间布局 Space Planning

多个户外平台是此套住宅的亮点，有临海面的，有悬挑的，又高处的，形成多层次的互动关系。

D 设计选材 Materials & Cost Effectiveness

我们象是做广告，但这确定是业主说的，环境加上室内功能的合理利用，使人身心得到放松状态，这是必然的。

E 使用效果 Fidelity to Client

人生的追求，也是设计师的追求。

Project Name_
Hongkong KuangHuJu
Chief Designer_
Xiao Aibin
Participate Designer_
Wang Lilan
Location_
Sai Kung Hongkong
Project Area_
350sqm
Cost_
1,400,000RMB

项目名称_
香港匡湖居
主案设计_
萧爱彬
参与设计师_
王立兰
项目地点_
香港 西贡
项目面积_
350平方米
投资金额_
140万元

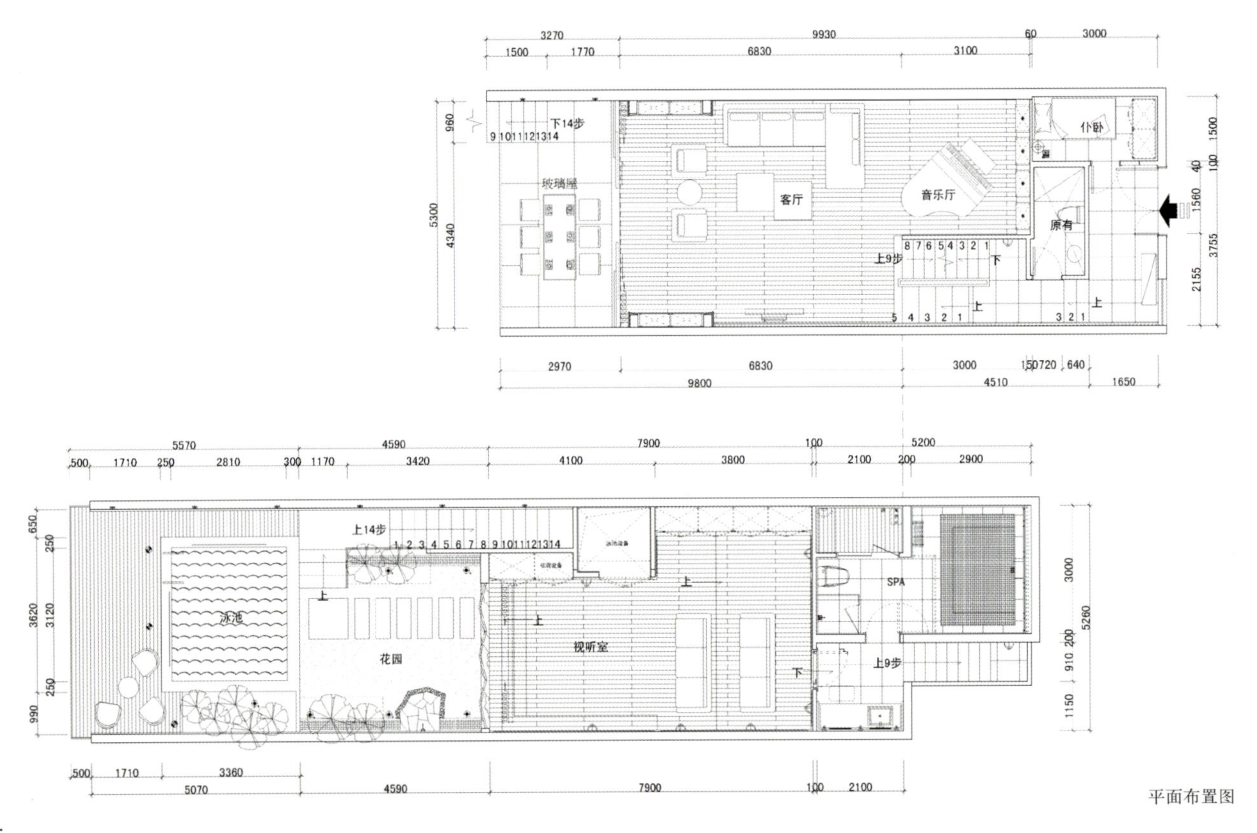

平面布置图

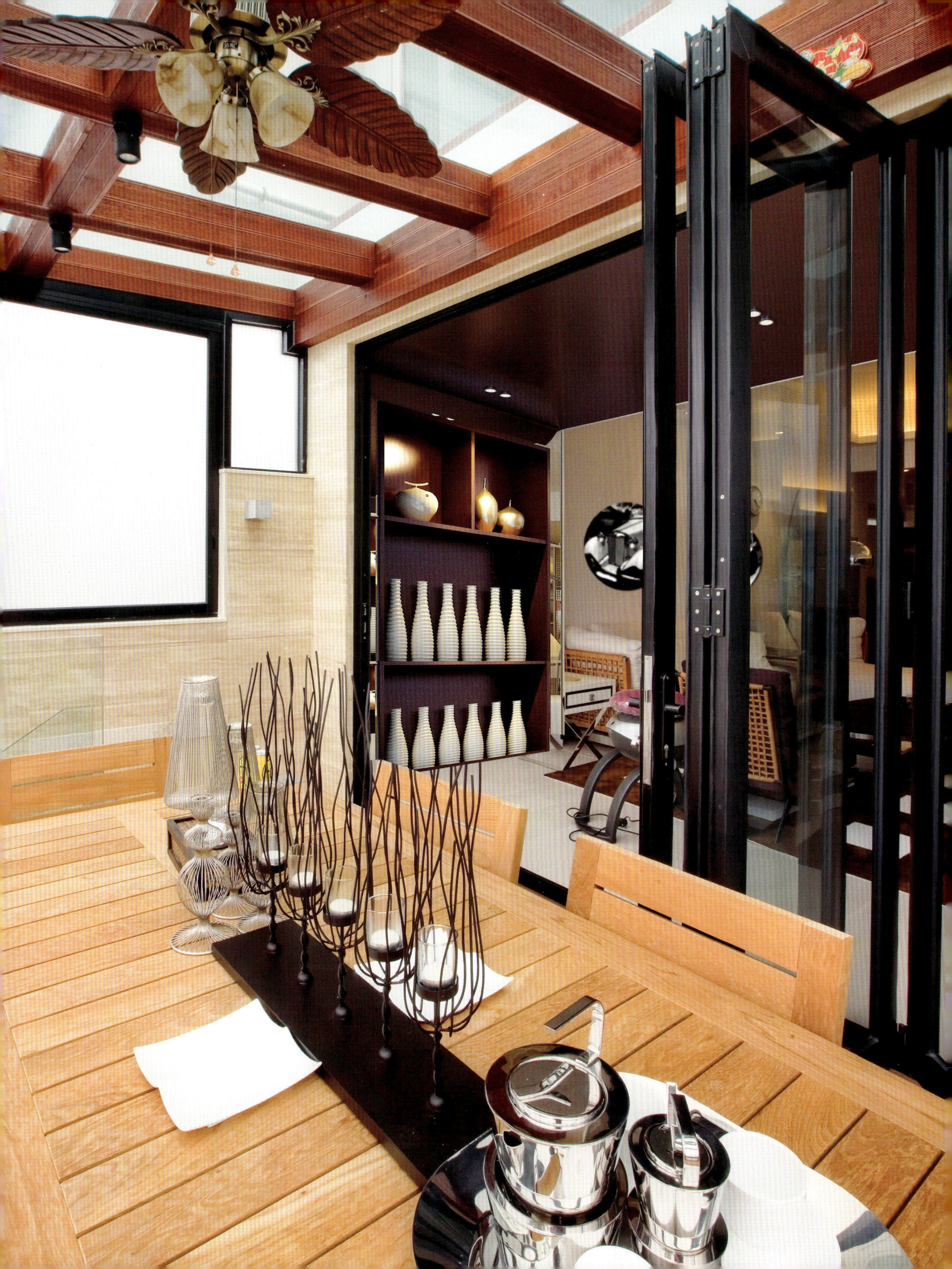

主案设计：
熊龙灯 Xiong Longdeng
博客：
http:// 165518.china-designer.com
公司：
北京熊龙灯家居空间设计
职位：
设计总监

奖项：

2012年度中国十大最具影响力设计师奖

2012年第四届中国建筑装饰协会主办“照明周刊杯”中国照明设计大赛应用设计大赛北京赛区“佳作”奖

2011获北京第12届“美化家居”大奖赛二等奖

2011住宅建筑类百名优秀设计师大奖

项目：

颐和原著　碧水庄园
燕西台　格拉斯小镇
金科帕提欧　领袖新硅谷
西山林语　远洋新干线
安慧北里逸园

北京安慧北里逸园-荷韵

Beijing - Elegant Leisure

A 项目定位 Design Proposition

旧房改造。通过对结构的调整，使室内采光和通风得到改善。风格以简约时尚为主，融入清新雅致的水塘荷色与中国水墨风景，让简约时尚中更具中国文化底蕴。

B 环境风格 Creativity & Aesthetics

简约风格为主，中式元素辅助。

C 空间布局 Space Planning

通过对格局的分割和改造，解决采光与通风的功能效果。利用榻榻米的功能满足整个家庭的居住需求。色彩淡雅但不失层次与质感。

D 设计选材 Materials & Cost Effectiveness

定制艺术水塘荷色玻璃，沙发背景的挂画为家庭照片处理，床头水墨画。

E 使用效果 Fidelity to Client

业主非常满意。

Project Name_
Beijing - Elegant Leisure
Chief Designer_
Xiong Longdeng
Participate Designer_
Qun Yao
Location_
Chaoyang Beijing
Project Area_
110sqm
Cost_
400,000RMB

项目名称_
北京安慧北里逸园-荷韵
主案设计_
熊龙灯
参与设计师_
群垚
项目地点_
北京市 朝阳区
项目面积_
110平方米
投资金额_
40万元

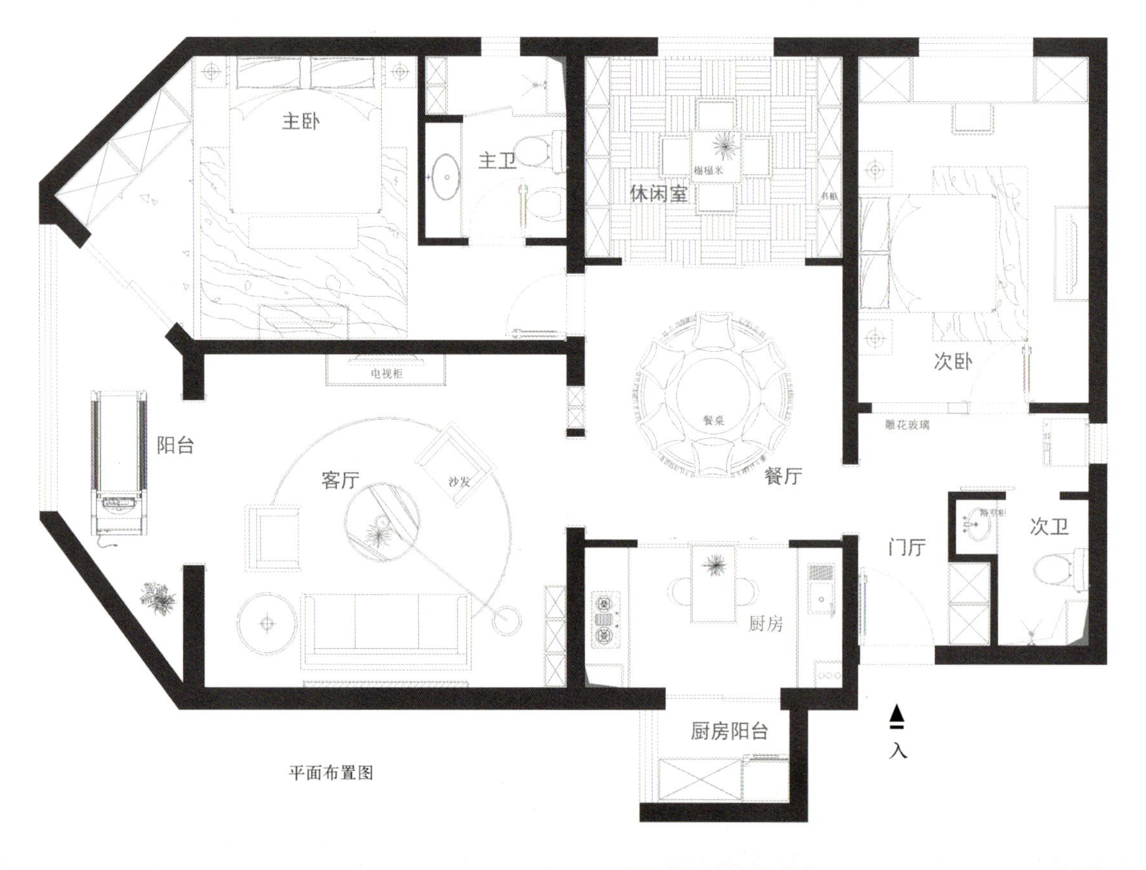

平面布置图

主案设计：
洪约瑟 Joyseph Sy
博客：
http:// 190858.china-designer.com
公司：
洪约瑟设计事务所
职位：
总经理

奖项：
2003 亚洲最具影响力设计大奖Distinguished Design from China
2003亚太区室内设计年奖Winner
2003亚太区室内设计年奖Honourable Mention
2002英国ANDREW MARTIN 国际室内设计师年奖Shortlisted
2002亚太区室内设计年奖Shortlisted
2002亚太区室内设计年奖Winner
2002香港设计师协会年奖Certificate of Excellence
2001英国ANDREW MARTIN 国际室内设计师年奖Short-listed
2001亚太区室内设计年奖Honourable Mention
2001亚太区室内设计年奖Shortlisted
2000英国ANDREW MARTIN 国际室内设计师年奖Shortlisted
2000香港设计师协会年奖Certificate of Excellence

Larvotto

Larvotto

A 项目定位 Design Proposition

这是一个140 平方米公寓，可供中介长期租赁。宽阔的窗户直面游艇俱乐部和海湾一侧。

B 环境风格 Creativity & Aesthetics

设计理念为一次拥有额外的书房与客房。 一间额外的房间可被拉出。不需要时，该房间同时也可被缩回，这时起居室可以回复原本大小。额外的房间没有一张折叠床和一张折叠桌子。房间同时配备一个大的橱柜和一张床头柜。

C 空间布局 Space Planning

天花板上嵌装書轨道，在任何模式下，可将屏风向前或向后移动。当不需要房间时，房间将与墙壁齐平，而需要使用房间时，这扇门又将提供私人空间。房间的外墙嵌入餐饭厅的木护墙板，木线上或木线下隐藏着灯条，从而将起居空间和饭厅从餐具 室区分出来，而餐具室原是饭厅的一部分。

D 设计选材 Materials & Cost Effectiveness

不规则的天花板图案营造趣味性，而木纹壁纸和间接照明突出天花板，形成设计亮点。

E 使用效果 Fidelity to Client

设计独特。

Project Name_
Larvotto
Chief Designer_
Joyseph Sy
Location_
HongKong
Project Area_
140sqm
Cost_
53,900HK

项目名称_
Larvotto
主案设计_
洪约瑟
项目地点_
香港
项目面积_
140平方米
投资金额_
53900港币

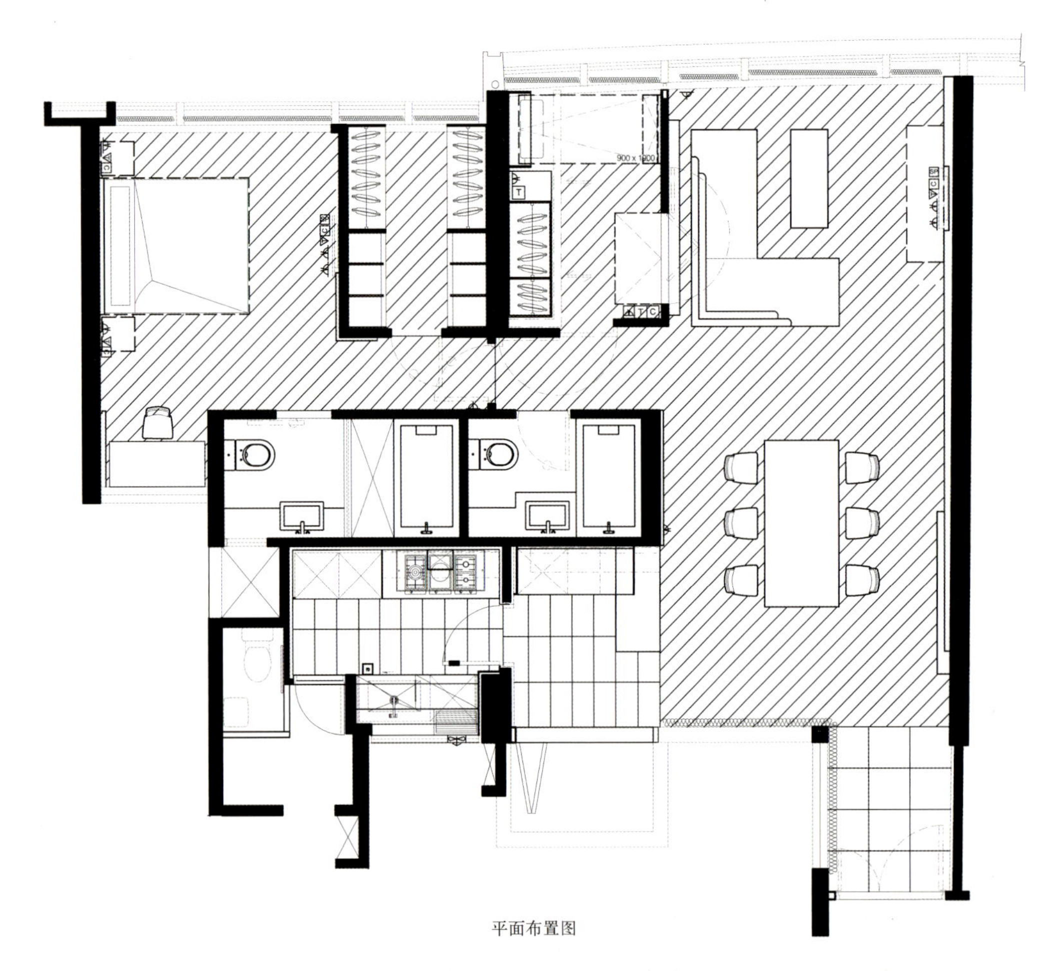

平面布置图

主案设计：
高志强 Gao Zhiqiang
博客：
http:// 254874.china-designer.com
公司：
北京筑邦建筑装饰工程有限公司
职位：
设计总监

奖项：
2009中国十大室内设计师提名奖
2009-2010美国室内设计杂志封面人物
2010 “金堂奖” 中国室内设计年度评选 年度十佳商业空间
2011 “金堂奖” 中国室内设计年度评选 年度十佳餐饮空间
2011入选中国建筑与室内设计师网 “设计名人圈”

项目：
中国海关博物馆
金隅大成通州商业街
成都中国会馆（五星）
钓鱼台国宾馆8号楼
穷游网办公项目
中国海关博物馆办公楼

河北白洋淀民居改造

Rebuilding Baiyangdian Dwellings Community

A 项目定位 Design Proposition

该项目将一个占地180平方米，朝向向西呈“凸”字形的不规则地块建造成为一个供祖孙三代、三户七口居住的新居所。

B 环境风格 Creativity & Aesthetics

符合当地民居特点，区别于当下民居改造实用的白瓷砖外墙，朴素无华；

C 空间布局 Space Planning

在仅有180平方米占地面积下，解决了小庭院、客厅、餐厅、厨房、卫生间、6间卧室的功能，通过偏窗采光，使房间全天日照光线充足；

D 设计选材 Materials & Cost Effectiveness

采用夹壁墙、建筑拆除后的废砖再利用、土坯砖、新型轻体预制板等环保低造价材料，循环使用太阳能、化粪池沼气。实现了因地制宜、就地取材、环保舒适、控制造价、取法自然、文化传承的设计理念。

E 使用效果 Fidelity to Client

就地取材，互助建房，建筑废料循环利用，顶部采光，成为了当地农村民居建设的样板工程，探索出北方农村民居建设的一些设计规律。

Project Name_
Rebuilding Baiyangdian Dwellings Community
Chief Designer_
Gao Zhiqiang
Participate Designer_
Xu Yunqing, Li Haidong, Gao Yan
Location_
Baiyangdian Hebei
Project Area_
180sqm
Cost_
100,000RMB

项目名称_
河北白洋淀民居改造
主案设计_
高志强
参与设计师_
徐云庆、李海东、高岩
项目地点_
河北 白洋淀
项目面积_
180平方米
投资金额_
10万元

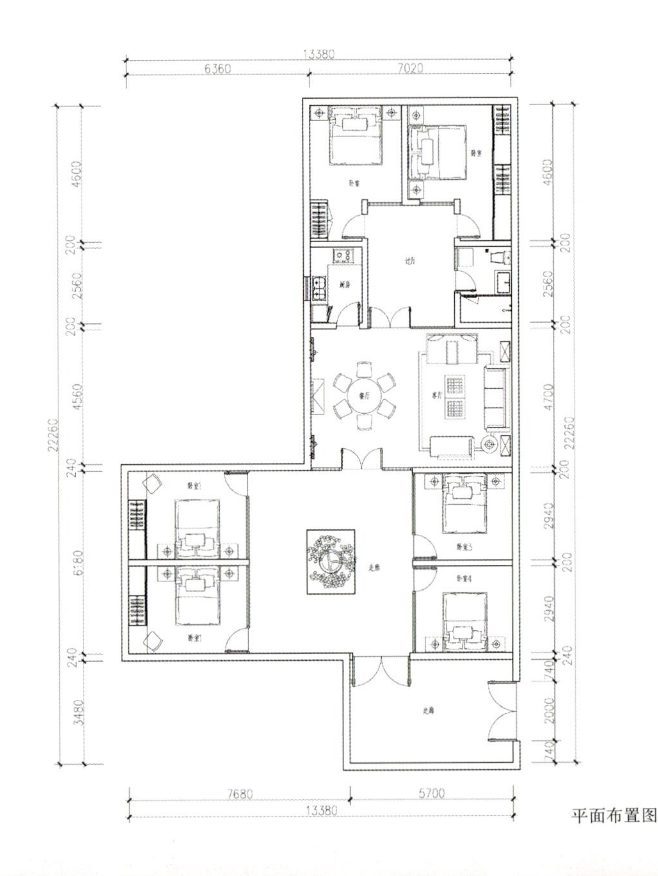

平面布置图

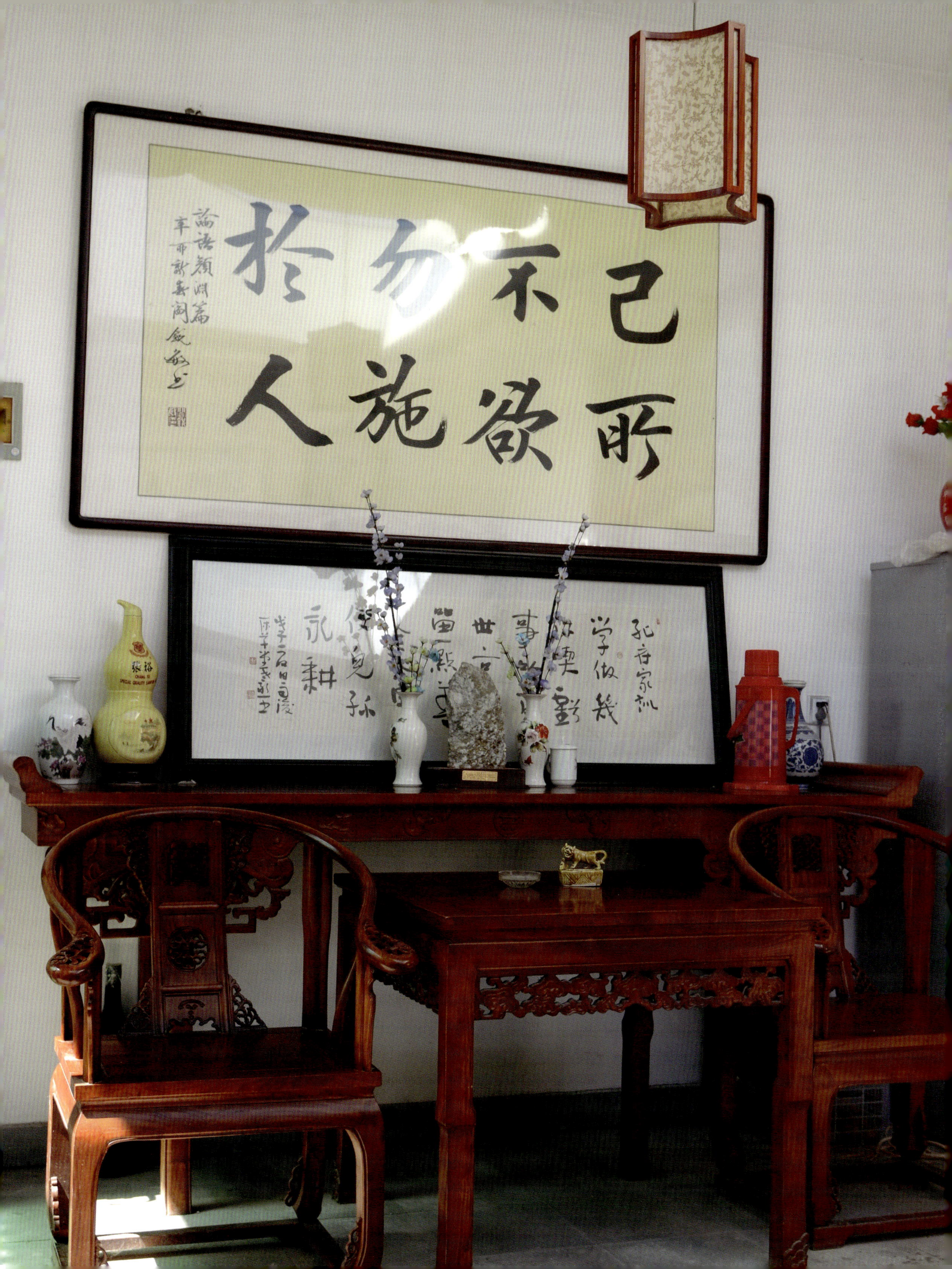
己所不欲
勿施於人

主案设计：
张祥镐 Zhang Xianggao
博客：
http:// 1015747.china-designer.com
公司：
伊太空间设计事务所
职位：
设计总监

项目：
宜兰女中路集合住宅
桃园Shanyang Ye 建筑外观
北京富城办公建筑案
台北南港黄公馆
台北塔悠路水人山楼宅
台北忠孝东路刘宅
Vorwerk Taipei Office
AA Freight Taipei Office
Moi 连锁餐饮店

台北信义路都会休闲住宅

Taipei Shin-Yi Urban Leisure House

A 项目定位 Design Proposition

在这里，自然的外在似乎在透露着另一种面貌，所映衬出的更是另一种都会慢活的面貌，这样的外在温度配合上内在的暖意幽雅色调，无比的休闲感油然而生。

B 环境风格 Creativity & Aesthetics

这里的主角是居住者、是自然，望着、漫步着、冥想着，在窗边卧者阅读也增添了一份优雅感受，这就是这次设计最重要的主轴了。

C 空间布局 Space Planning

在每间属性不同的卧室里，提供出幽雅清爽的居住氛围。这样的场所，同时也启发了创造一处属于这都会悠闲角落特属的空间温度。

D 设计选材 Materials & Cost Effectiveness

藉由质朴梧桐木皮的触感，装扮上适合的色温，结合了地面实木地坪的大地色，让地面的朴实结合立面的自然纯朴，同时也透露出些许都会另一种时尚慢活且悠闲的感受。透过半高的石材电视墙，让室内场所一气呵成，围绕在餐厅周边是原始的石材拼贴和特制的实木桌面，在配合上独一无二量身定做的主灯。

E 使用效果 Fidelity to Client

业主非常满意。

Project Name_
Taipei Shin-Yi Urban Leisure House
Chief Designer_
Zhang Xianggao
Location_
Taipei Taiwan
Project Area_
200sqm
Cost_
2,000,000RMB

项目名称_
台北信义路都会休闲住宅
主案设计_
张祥镐
项目地点_
台湾 台北
项目面积_
200平方米
投资金额_
200万元

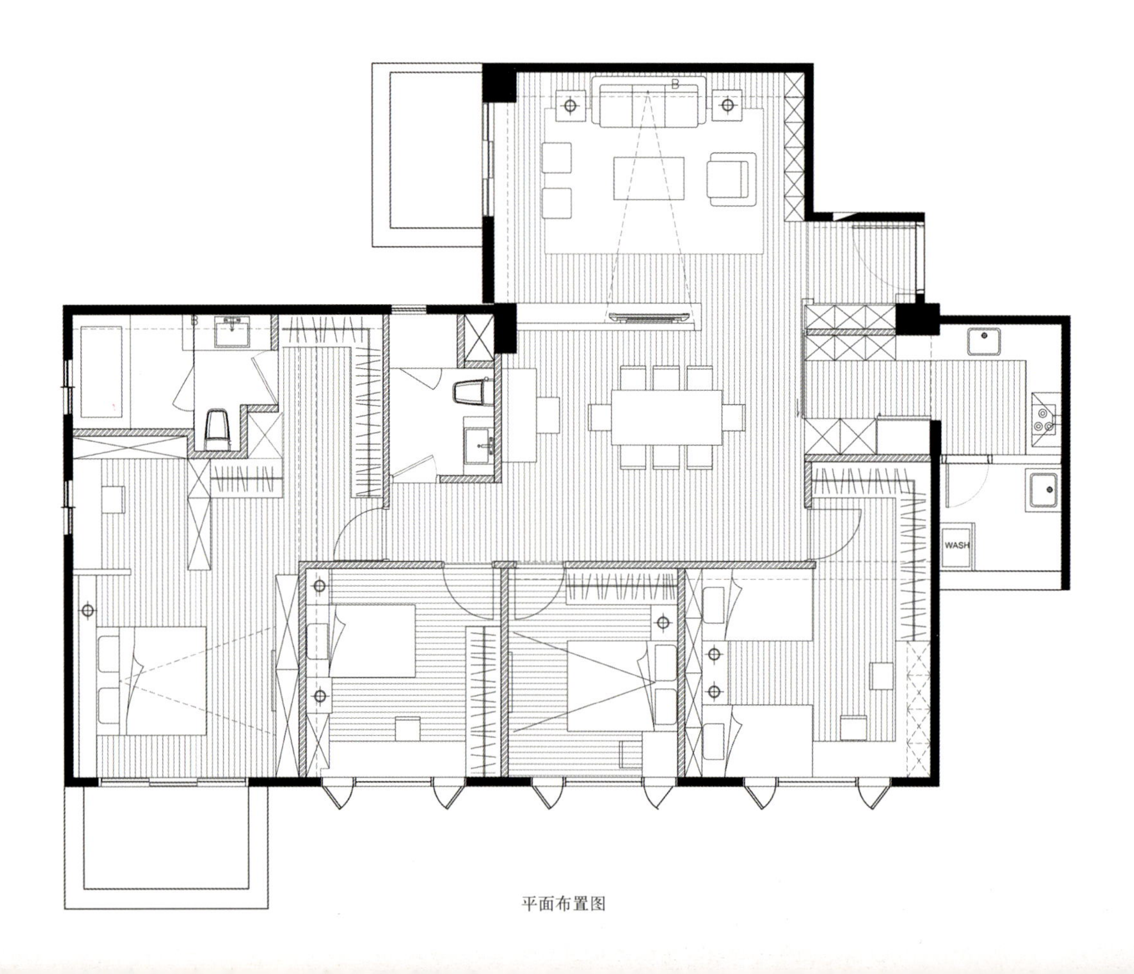

平面布置图

主案设计：
柳定中 Liu Dingzhong
博客： http:// 26921.china-designer.com
公司： 湖南鸿扬家庭装饰设计工程有限公司
职位： 首席设计师
职称： CIID中国建筑学会室内设计分会会员

奖项：

2008年亚太双年室内设计大奖赛办公空间银奖—中国大陆区最高荣誉
2008年亚太双年室内设计大奖赛样板间空间银奖—中国大陆区最高荣誉
2008年中国室内设计大奖赛办公空间银奖
2008年中国室内设计大奖赛住宅空间优胜奖
2008年湖南省第七届室内设计大赛金奖
2009年 中国室内设计大奖赛住宅空间银奖
2009年中国室内设计大奖赛住宅空间优秀奖
2009年中国室内空间环境艺术设计大赛住宅空间铜奖

思维·四维

Thinking Dimension

A 项目定位 Design Proposition

尝试过空间的各种XY和Z，能否在我们的空间设计中加入时间呢？

B 环境风格 Creativity & Aesthetics

一辆高速行驶的货柜车突然撞上混凝土堤坝，集装箱飞射而出，朝路边的小屋猛插了过去。……时间停顿了，我从小屋被撞击的洞口爬进去。眼前的一切把我惊呆了！集装箱体插入了小屋的上层餐厅，尾端被掉落的石块砸成了一个斜口。

C 空间布局 Space Planning

踏上一级级木料来到餐厅，木料从楼梯间插入餐厅，长长短短的。巨大的冲击力使黑色的箱体已经断成几节，停留在餐厅和厨房。

D 设计选材 Materials & Cost Effectiveness

箱子里的木方料已经飞溅出来，楼梯、客厅、餐厅到处都是大块木料。

E 使用效果 Fidelity to Client

于是我按下快门迅速记录了这个过程。

Project Name_
Thinking Dimension
Chief Designer_
Liu Dingzhong
Location_
Changsha Hunan
Project Area_
280sqm
Cost_
1,200,000RMB

项目名称_
思维·四维
主案设计_
柳定中
项目地点_
湖南 长沙市
项目面积_
280平方米
投资金额_
120万元

14375
2700 280 1540 290 1955 265 4235 280 710 150 800 1170
厨房
600*1200半抛地面砖
钢琴
餐厅
600*1200半抛地面砖
酒吧
客厅
600*1200半抛地面砖
鞋柜
入口
800*800黑晶拉丝板
电视柜
不锈钢镀光板
软垫
软垫
人造石铺贴
上
下
1230 760 280 3420 5690
2420 370 2900 5690
410 4525 245 1980 265 4235 710 360 640 1120
15050

一层平面布置图

主案设计：
赵鑫祥 Zhao Xinxiang
博客：
http:// 61385.china-designer.com
公司：
长沙市艺筑装饰有限公司
职位：
首席设计师

奖项：

2009年荣获尚高杯杯全国室内设计大赛银奖
2010年荣获湖南省第十届室内设计大赛家居（实例类）铜奖
2011年荣获中国室内设计大赛家居（实例类）入围奖
2011年荣获中国室内设计金堂奖优秀奖

白居·忆
The White House

A 项目定位 Design Proposition

我们始终追寻着那份简单与纯真，白色拥有明亮，纯粹、洁净、坦城之意。

B 环境风格 Creativity & Aesthetics

本案犹如女主人公纯白婚纱照，但不再只是薄薄的一张照片，更多的是承载着两个人最美的回忆。

C 空间布局 Space Planning

开敞式书房与客厅形成一个对话空间。

D 设计选材 Materials & Cost Effectiveness

用最简洁的造型和最单纯的白色为基调，来表达一种纯粹的室内空间。

E 使用效果 Fidelity to Client

干净，简洁，纯美又精致。

Project Name_
The White House
Chief Designer_
Zhao Xinxiang
Participate Designer_
Cheng Fangli, Zhao Yonghong
Location_
Changsha Hunan
Project Area_
204sqm
Cost_
400,000RMB

项目名称_
白居·忆
主案设计_
赵鑫祥
参与设计师_
程方力、赵永红
项目地点_
湖南 长沙市
项目面积_
204平方米
投资金额_
40万元

厨房
300*300地砖
楼梯
实木地板
上
300*300
次卫
s: 370
z: 1840
x: 490
开放式书房抬高150
实木地板
s: 560
z: 1840
x: 500
老人房
实木地板
客餐厅
800*800瓷砖
生活阳台
300*300
s: 310
z:
x: 800
保姆房
实木地板
成品拖把池

一层平面布置图

主案设计：
辛冬根 Xin Donggen
博客：
http:// 86890.china-designer.com
公司：
新余市风行室内设计工程有限公司
职位：
总设计师

项目：
华氏养生坊
返璞归真

返璞归真
Return to Nature

A 项目定位 Design Proposition

好的住宅设计不是用各种标新立异的方式取悦于客户，而是要从根本上解决居住者对“家”这个含义的理解。

B 环境风格 Creativity & Aesthetics

本案是一套140平方米地下一层的普通公寓住宅，原建筑的最初印象是空间狭窄、光线暗淡，通风、采光条件极差。在拆除所有不合理的墙体后，呈现在眼前的是宽敞明亮的毛胚建筑，空间豁然开朗，让人兴奋不已。

C 空间布局 Space Planning

利用原有的清水砖墙和灰色水泥墙体进行合理的空间组合，用模糊甚至是倒置空间的空间分割手法来诠释对家的理解。在看似无序的空间中建造开放与闭合的功能关系。用最原始的建材，透过树枝的阳光以及不可替代的庭院植物来表现轻松自然的生活质感是这次设计改造的主要理念。

D 设计选材 Materials & Cost Effectiveness

在用材上必须采用大量未经加工的自然纯朴的材料，完全低碳环保。在素雅的空间里用艺术品和经典的怀旧家具进行点缀，不仅仅是提升空间的视觉感受，更能表达一种平淡朴实、物尽其用的价值观。旧木与卵石带来的是对童年的美好回忆。

E 使用效果 Fidelity to Client

沉稳低彩度色调是一种对简单隐居生活的向往。 轻松开放的空间分割是想让家人在每天忙碌的步伐中慢下来，充分享受安静优雅的生活。

Project Name_
Return to Nature
Chief Designer_
Xin Donggen
Location_
Xinyu Jiangxi
Project Area_
150sqm
Cost_
200,000RMB

项目名称_
返璞归真
主案设计_
辛冬根
项目地点_
江西 新余
项目面积_
150平方米
投资金额_
20万元

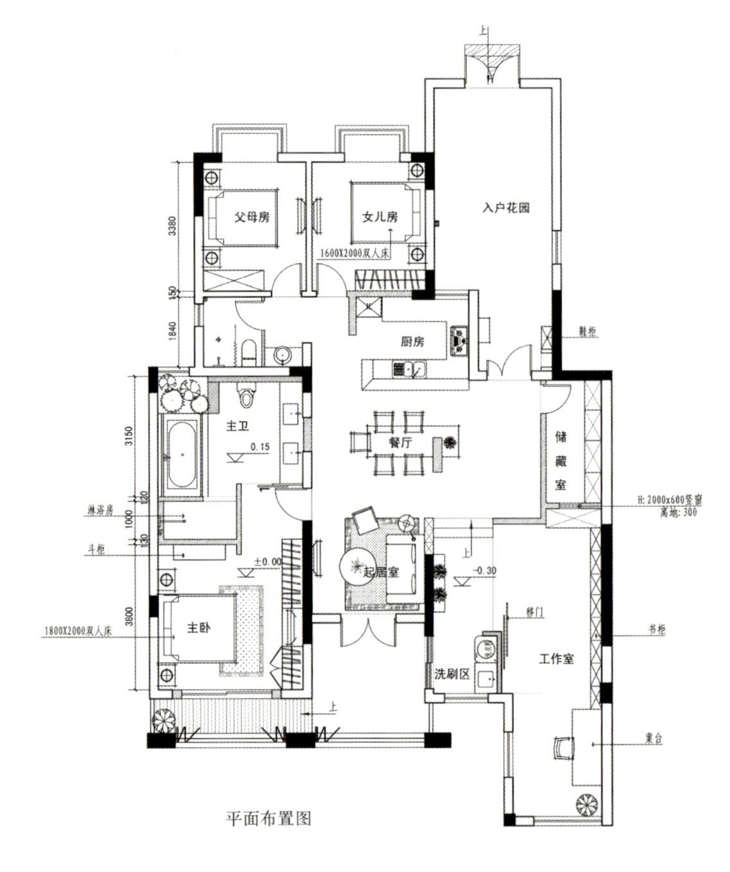

平面布置图

主案设计：
陈俊男 Chen Junnan
博客：
http:// 145611.china-designer.com
公司：
上海邑方空间设计有限公司
职位：
设计总监

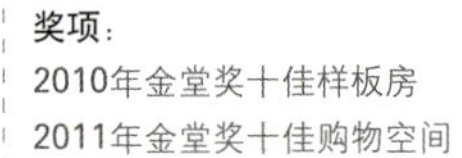

奖项：
2010年金堂奖十佳样板房
2011年金堂奖十佳购物空间

项目：
蓝海样板房
城钢安防科技

昆山吉田亚述
Jitian Residence

A 项目定位 Design Proposition

一个好的住宅设计是业主本身总结自己的生活经验，然后付诸实现的生活态度。

B 环境风格 Creativity & Aesthetics

客餐厅的公共空间中铺陈出高级私人会所的气质，书房部分则想打破传统书房严肃的布局，希望能营造出都会的时尚感。

C 空间布局 Space Planning

有些并不是直接表现于外在的形体上。而是蕴藏在空间里。从颜色、材料、灯光、总体平面布置上，甚至工法的细节上，皆能传达出一种从容不迫、大器而内敛的生活品味。

D 设计选材 Materials & Cost Effectiveness

从一进入口玄关开始，一整面的皮格板墙、不规折的拼贴穿插着条状的镜面不锈钢板；客餐厅的公共空间中，地面铺设了米白色的大理石地坪，强调优雅的质感；天花上设计了一整面倒着的长方形的托盘，边缘隐藏着间接灯槽，中间铺贴着大大小小的壁布板；厨房及更衣室的天花则使用了软膜天花。

E 使用效果 Fidelity to Client

业主满意。

Project Name_
Jitian Residence
Chief Designer_
Chen Junnan
Participate Designer_
Chen Ying
Location_
Kunshang Jiangsu
Project Area_
300sqm
Cost_
1,000,000RMB

项目名称_
昆山吉田亚述
主案设计_
陈俊男
参与设计师_
陈颖
项目地点_
江苏昆山
项目面积_
300平方米
投资金额_
100万元

平面布置图

主案设计：
陶丽萍 Tao Liping
博客：
http:// 269179.china-designer.com
公司：
江苏红蚂蚁装饰设计工程有限公司
职位：
首创设计师

奖项：

07.07.18，"和谐之家"长三角家装设计大赛入围奖

07.12.18，07年苏州市第13届家装示范工程奖

2012年红蚂蚁家装"奥运会"实景设计PK大赛二等奖

项目：

上海云间绿大地别墅
上海金爵别墅
苏州闽信名筑样板房
苏州中茵皇冠
苏州太湖温泉1858
苏州红蚂蚁样板房

太湖温泉1858

Taihu Lake Spring 1858

A 项目定位 Design Proposition

本户型为复式结构，纯实木装修。一层为和风日式风格，二层为简约日式的书房带卫生间，利用了挑高空间，设计了一个木质小阁楼，非常适合客户周末度假。

B 环境风格 Creativity & Aesthetics

突破了常规单独一间的榻榻米，本设计将和风日式风格贯穿整个空间。

C 空间布局 Space Planning

阁楼是后加的，因为房子只要南边的采光，所以在阁楼屋面开启了两扇天窗，增加屋内的自然光线，也可在阁楼看到星空。

D 设计选材 Materials & Cost Effectiveness

纯原木设计施工，将樟子松与橡木完美融合；多运用单纯的直线、或几何形体、或有节奏的符号式图案，以板和线的垂直、水平交错的构成关系产生的效果。

E 使用效果 Fidelity to Client

简洁的抽象造型、自然的光影色调、写意的和室家居给人以平静、美好的感觉。

Project Name_
Taihu Lake Spring 1858
Chief Designer_
Tao Liping
Location_
Suzhou Jiangsu
Project Area_
110sqm
Cost_
1,000,000RMB

项目名称_
太湖温泉1858
主案设计_
陶丽萍
项目地点_
江苏 苏州
项目面积_
110平方米
投资金额_
100万元

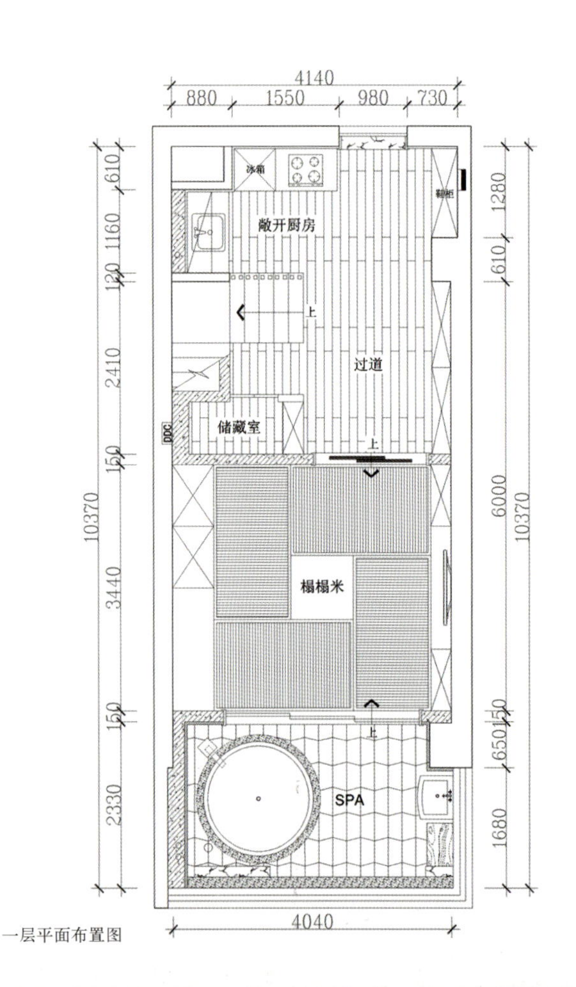

一层平面布置图

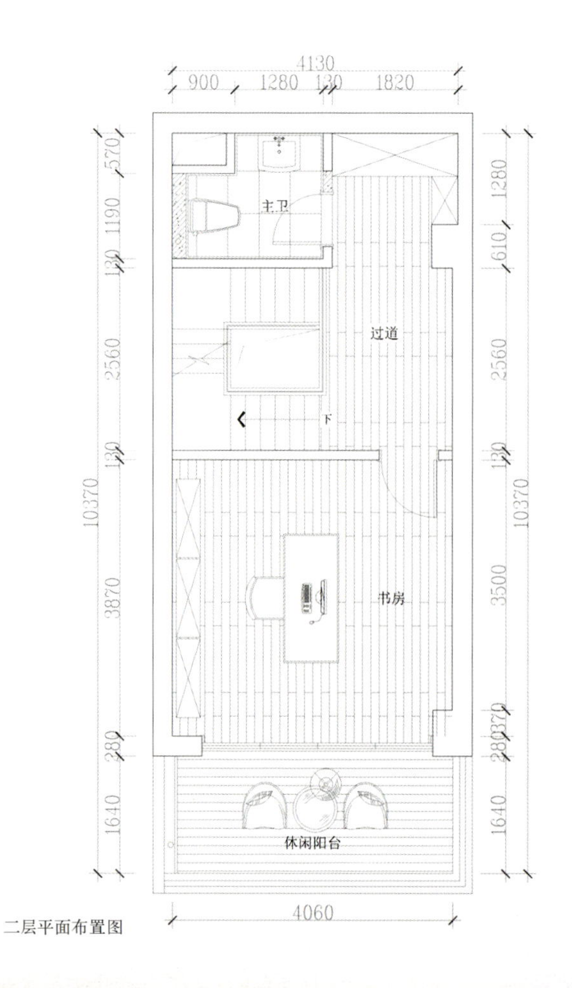

二层平面布置图

主案设计：
唐威 Tang Wei
博客：
http:// 503515.china-designer.com
公司：
贰零壹肆设计事务所
职位：
设计总监

奖项：
金羊奖 2009年度武汉十大室内设计师
2010年第一届中国建筑工业设计大赛最佳文化体现奖

项目：
南德新都

南德新都时尚达人

Nande Xindu - Fashion Master

A 项目定位 Design Proposition

本案的客户是一位热爱音乐，懂得销售生活的建筑师，“建筑是凝固的音乐”，我们把客户的职业和爱好结合到一起，从中选择共同之处。

B 环境风格 Creativity & Aesthetics

钢琴是表达音乐的一种很好的媒介，我们从音乐钢琴的灵感中选取黑白琴键元素在空间中进行变化组合。

C 空间布局 Space Planning

客厅背景的皮革硬包和灰镜混拼营造空间的戏剧性。

D 设计选材 Materials & Cost Effectiveness

客厅背后悬挂建筑师的黑白建筑作品，使家里的客厅充满了艺术感，客厅我们营造一份简洁大气的感觉，重点突出空间的层次感，在沙发、窗帘、墙地面的色彩上会有所呼应与衬托。而时尚风格现在是大多数年轻人喜欢的。

E 使用效果 Fidelity to Client

时尚的感觉是体现在整体上的。光洁明朗，形式特别都能体现时尚达人喜欢的感觉。

Project Name_
Nande Xindu - Fashion Master
Chief Designer_
Tang Wei
Location_
Wuhan Hubei
Project Area_
48sqm
Cost_
300,000RMB

项目名称_
南德新都时尚达人
主案设计_
唐威
项目地点_
湖北 武汉
项目面积_
48平方米
投资金额_
30万元

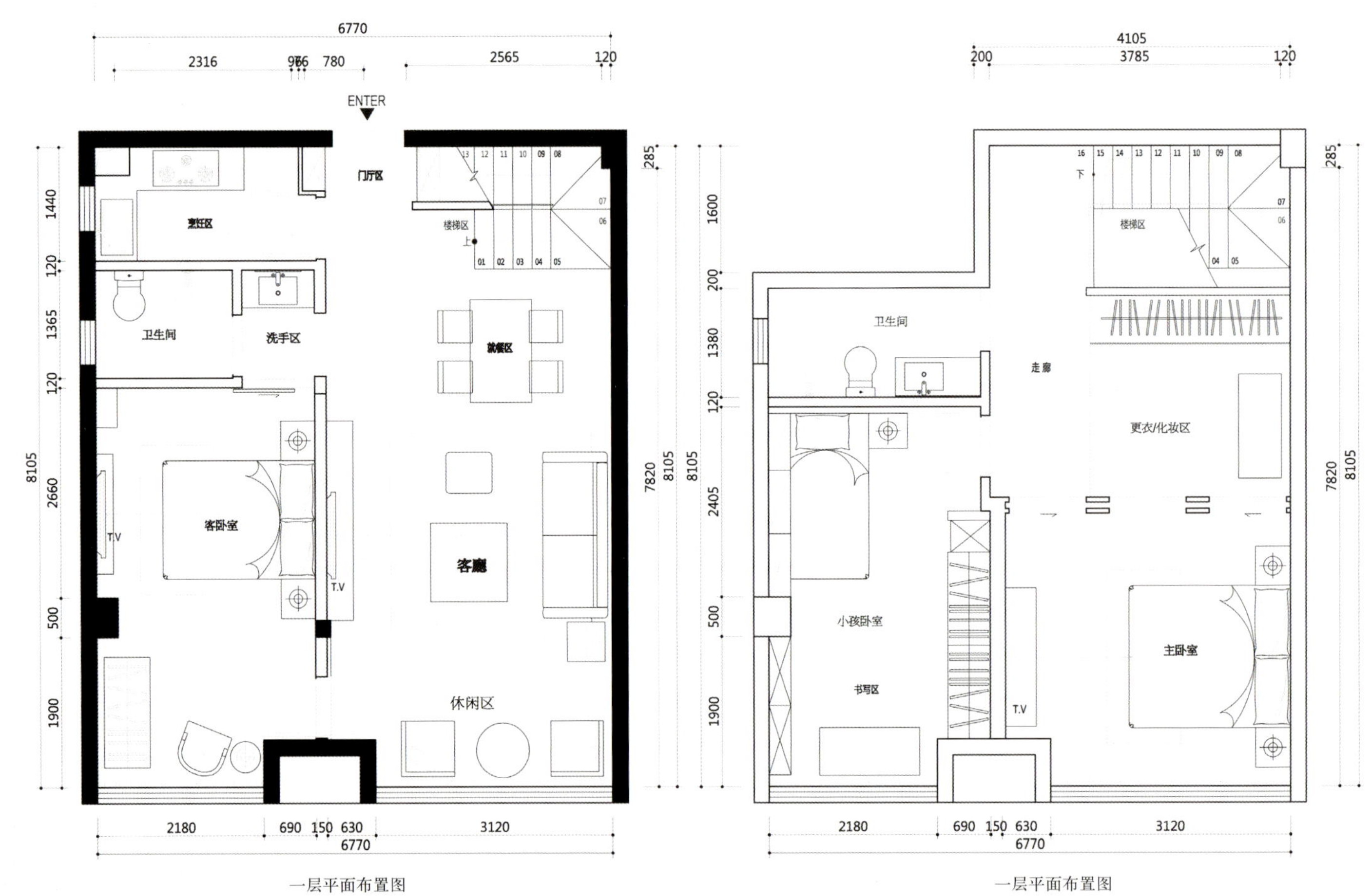

一层平面布置图

一层平面布置图

主案设计：
吕海宁 Lv Haining
博客：
http:// 782938.china-designer.com
公司：
可艺室内设计
职位：
设计总监

奖项：
2012年中国建筑照明大赛广西赛区3等奖获得者
2012年荣获亨特软装100设计大赛优胜奖
2012年荣获“四维卫浴百万终端升级大赛”优胜奖
2011年两套作品荣获中国金坛奖年度优秀作品奖
2011年中国第三届照明应用大赛全国总决赛优胜奖

项目：

世博生态城　云南映象　金岸春天
世纪城　中产风尚　阳光高尔夫
滇池卫城　滇池领袖　东岸紫园
新亚洲体育城　滇池高尔夫
荷塘月色　顺城

昆明龙江雅苑
Kunming LongJiangYaYuan

A 项目定位 Design Proposition
30~40岁的事业有成的群体，见过太多复杂及奢华的设计了，想把奢华融入简单、品位之中。

B 环境风格 Creativity & Aesthetics
各种风格元素的注入来提升价值感及舒适感，把新古典的贵族气息保留下来，去掉俗气部分，把中式元素的文化融入进去，去掉老气压抑的视觉感，通过简约的元素来提升品质感和归属感。

C 空间布局 Space Planning
大敞开的设计手法拉大了整套房子的空间效果，使之达到震撼的视觉效果。

D 设计选材 Materials & Cost Effectiveness
客厅顶面LED射灯的密布使得整个氛围有了点金之笔，既节能又出效果。

E 使用效果 Fidelity to Client
归属感强，客户更多的时间愿意呆在家里。

Project Name_
Kunming LongJiangYaYuan
Chief Designer_
Lv Haining
Location_
Kunming Yunnan
Project Area_
171sqm
Cost_
1,100,000RMB

项目名称_
昆明龙江雅苑
主案设计_
吕海宁
项目地点_
云南 昆明
项目面积_
171平方米
投资金额_
110万元

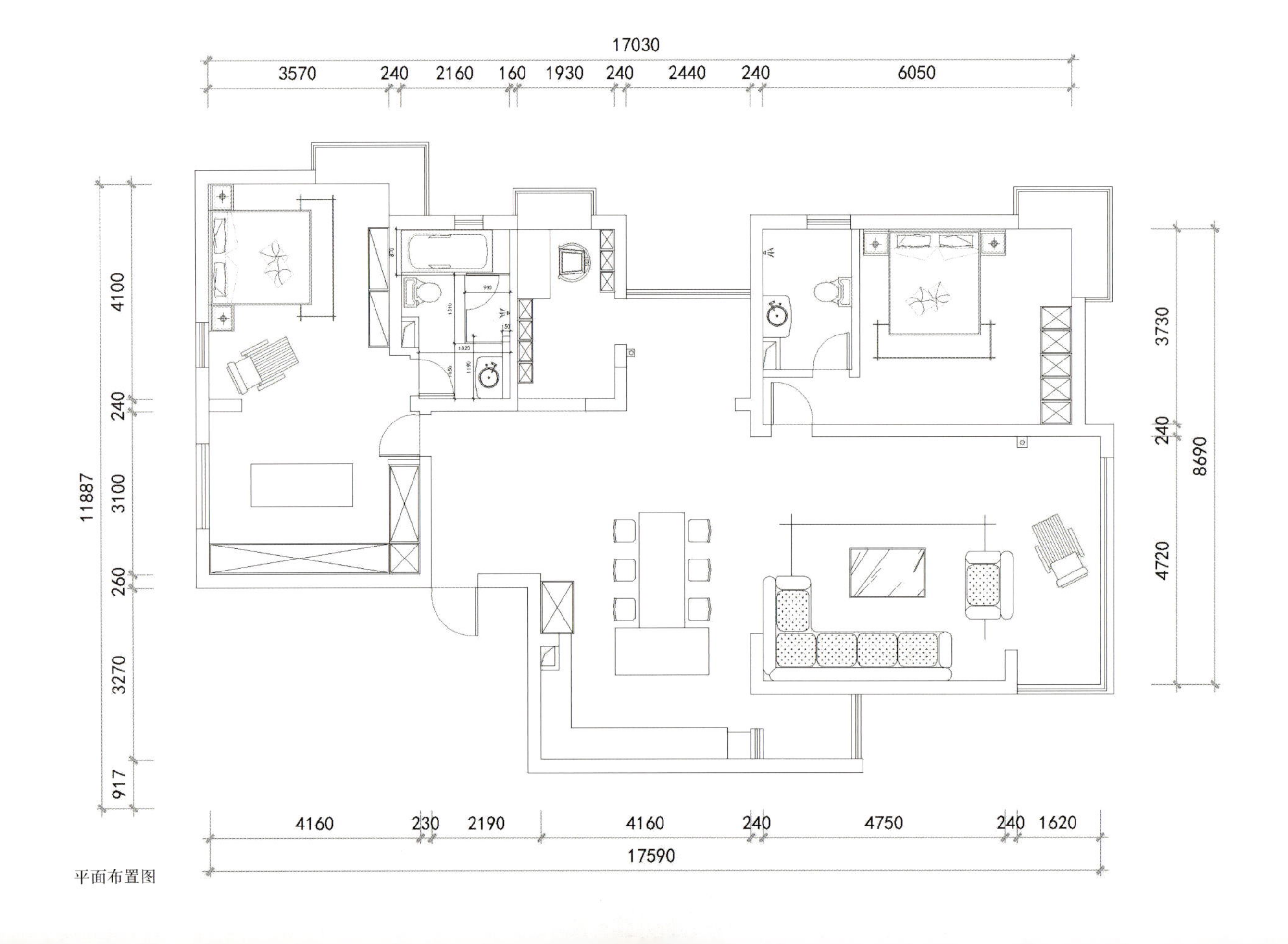

平面布置图

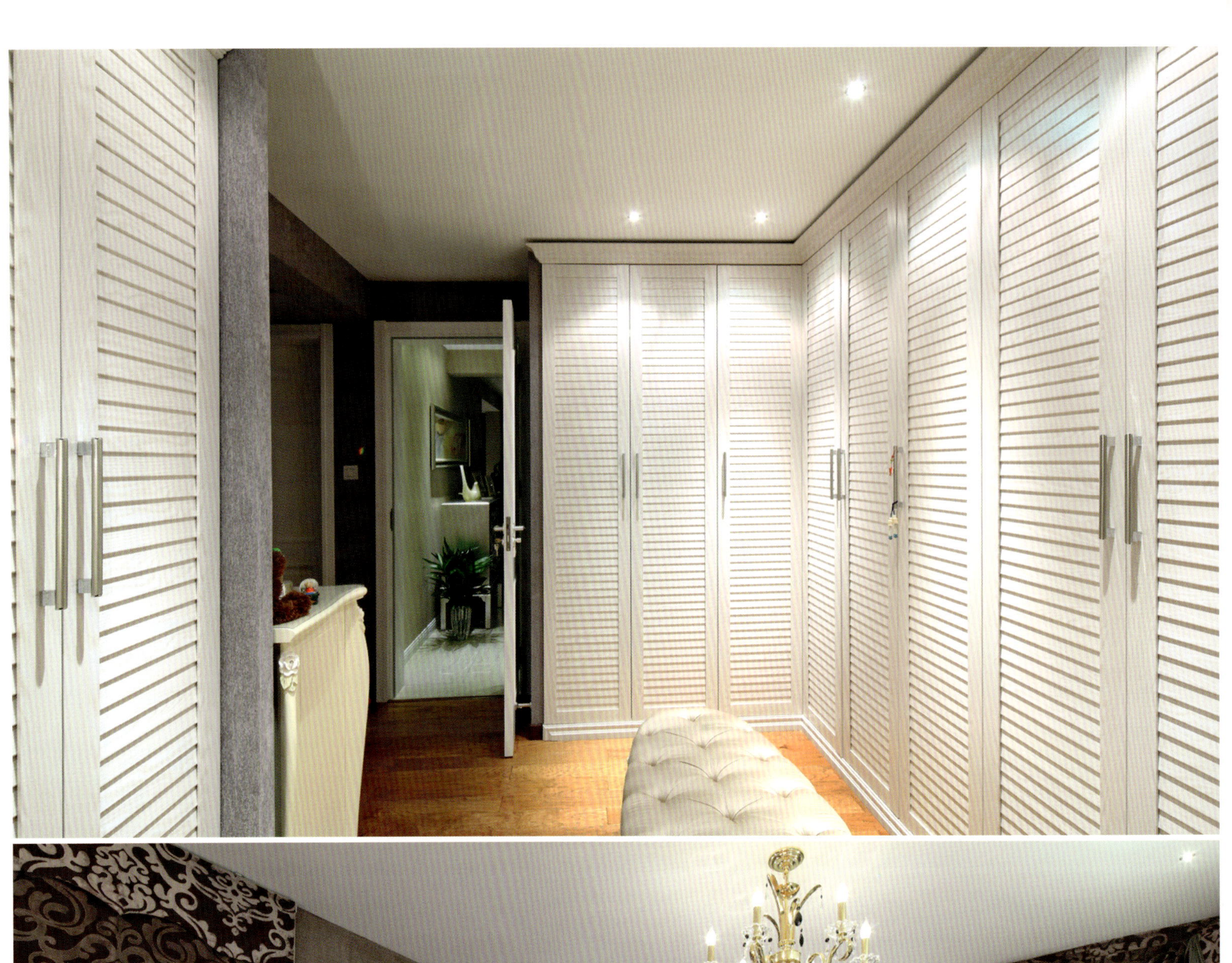

主案设计：
廖奕权 Liao Yiquan
博客：
http:// 785901.china-designer.com
公司：
维斯林室内建筑设计有限公司
职位：
创意及执行总监

职称：
香港室内设计协会专业会员
香港设计师协会正式会员
中国建筑学会室内设计分会会员
奖项：
2011年英国国际房地产大奖的亚太区最佳室内设计大奖
中国最成功设计大赛2011成功设计奖
现代装饰国际媒体奖2011年度精英设计师大奖
透视设计杂志颁发2012四十骄子 (40Under40) 大奖
2012年亚洲零售博览会顾问委员会成员

香港南湾公寓
South Bay Apartment

A 项目定位 Design Proposition
这个设计力求让公寓融入到周边的大环境中。它追求简约的风格，同时在房间的一些角落，策略性的营造出了实用主义的气息和丰富的感官体验。追求简约的风格以保留开阔的视野和创造宽阔的感觉，是这个设计主题的重点所在。

B 环境风格 Creativity & Aesthetics
这个设计成功地将日常生活中的实用主义元素结合在了一起，同时在纯白色的背景上营造出自然原木的新鲜气息。

C 空间布局 Space Planning
在营造强烈的中国式实用主义方面，我们需要考虑建造一间经典厨房——既能满足繁忙、密集的烹调，也能适合简易、快速的准备。原木的自然气息和能最大限度的获得自然光照的大推拉窗，让厨房成为家的灵魂所在。

D 设计选材 Materials & Cost Effectiveness
在充足的日光下，以原木和大理石点缀的白色背景将进一步强化设计中的空间和光线元素。在营造自然气息方面，自然元素——原木，是其中重要的一部分。原木餐桌，特别是波罗的海胡桃木地板，不仅为设计注入了自然之美，也为纯白的背景增添了健康的色彩。

E 使用效果 Fidelity to Client
这个公寓将奢华、实用和简约等元素有机融合在了令人兴奋却平静温馨的家居设计中，标志着一个令人难忘的珍贵时刻。

Project Name_
South Bay Apartment
Chief Designer_
Liao Yiquan
Location_
Guantang Hongkong
Project Area_
140sqm
Cost_
1,300,000RMB

项目名称_
香港南湾公寓
主案设计_
廖奕权
项目地点_
香港 观塘区
项目面积_
140平方米
投资金额_
130万元

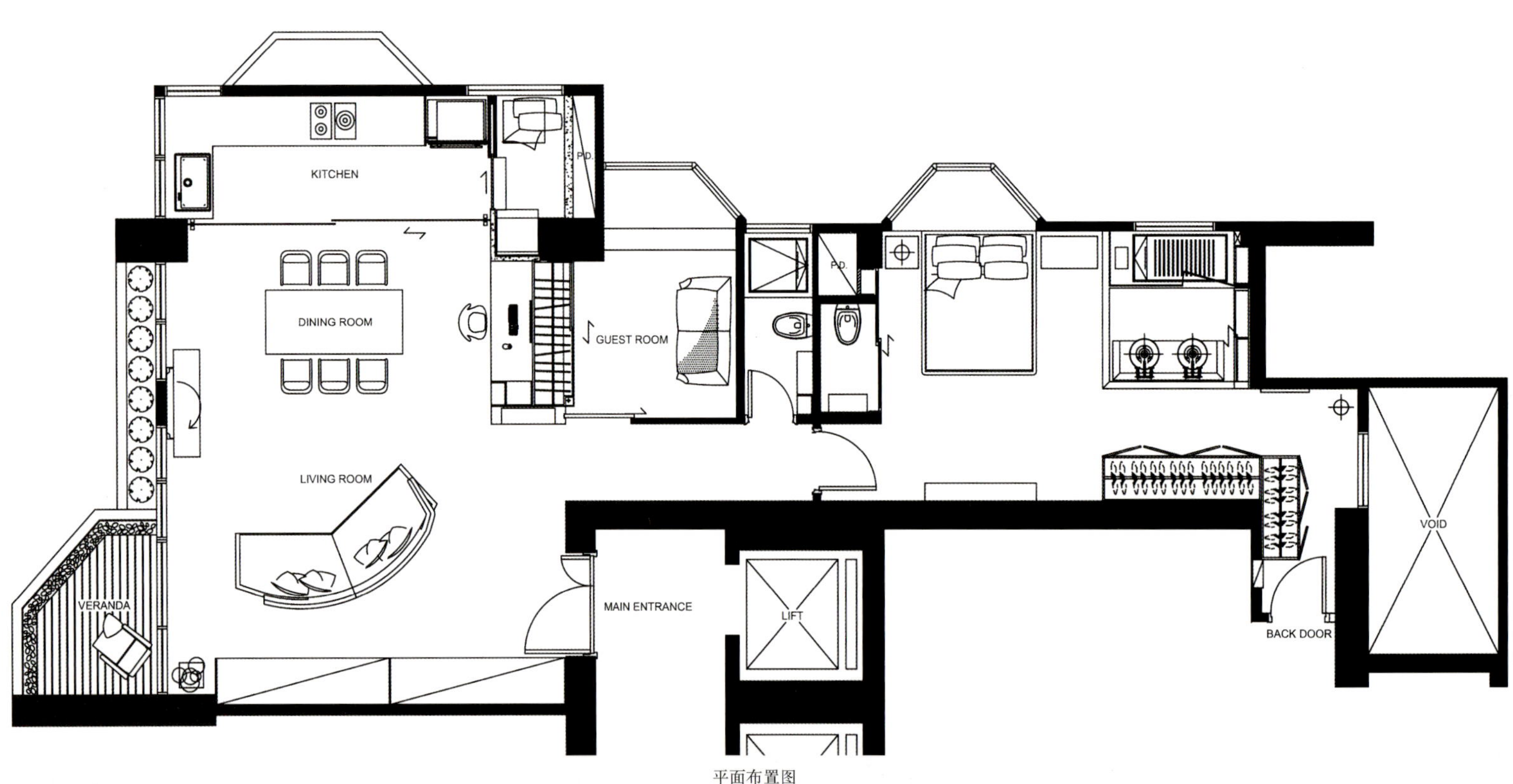

平面布置图

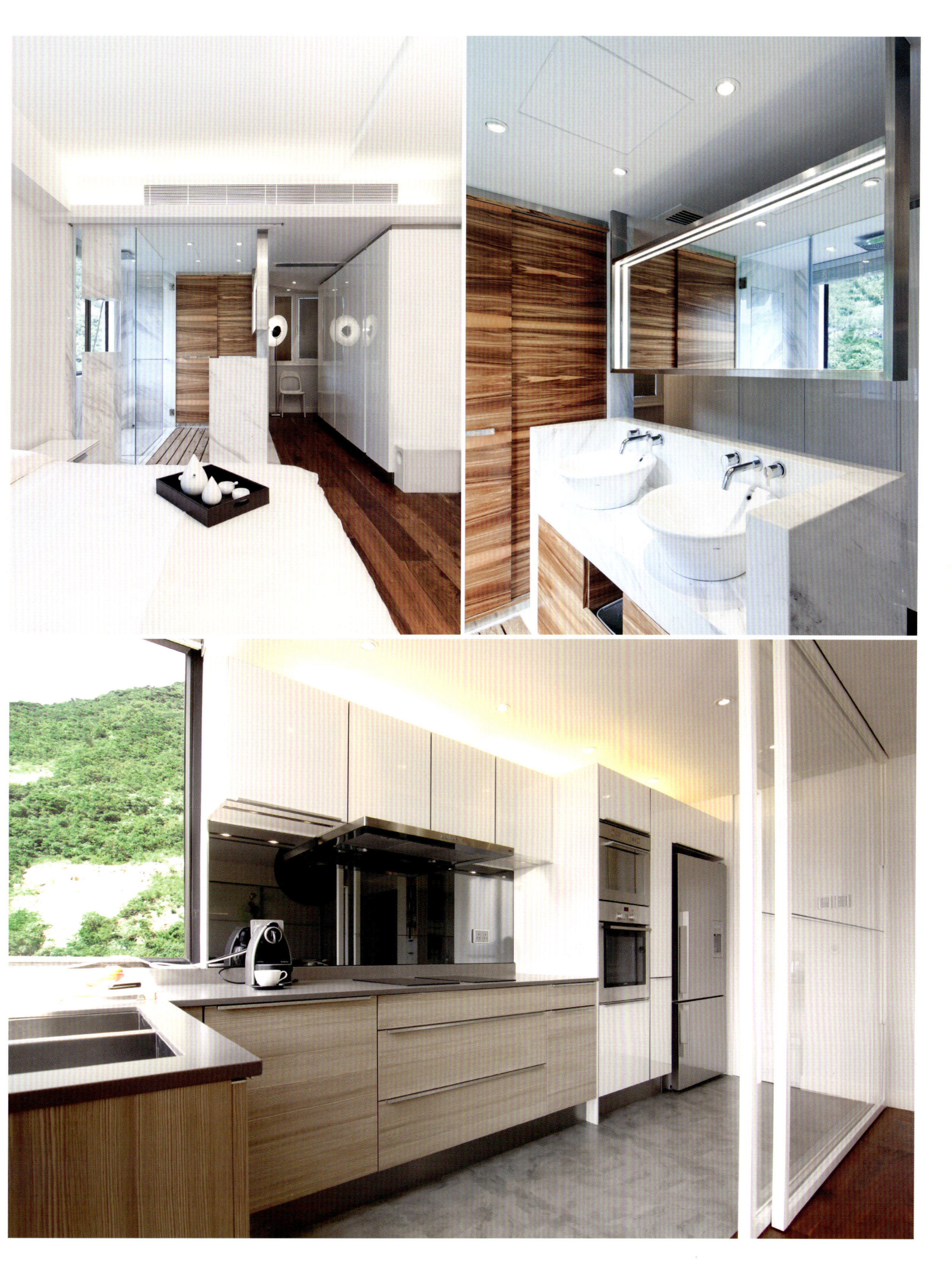

主案设计：

周少瑜 Zhou Shaoyu

博客：

http:// 804032.china-designer.com

公司：

福州子辰装饰工程有限公司

职位：

总经理、设计总监

奖项：

2011China-Designer中国室内设计年度评选十佳休闲空间金堂奖

第二届中国国际空间环境艺术设计大赛（筑巢奖）优秀作品奖

2011年度Idea-Tops国际空间设计大赛（艾特奖）入围作品

2011-2012年度国际环境艺术创新设计（华鼎奖）商业空间工程类二等奖

项目：

新华人寿福建分公司办公楼装修设计

台湾阳凯集团阳明海运福州办事处办公楼装修设计

白沙湾酒家装修设计

绿洲家园杨府别墅设计装修及园林景观设计施工

生机源SPA会所设计施工

设即空

Design and Space

A 项目定位 Design Proposition

业主为中年人，喜爱东方文化，要求我们营造一个简约又不失奢华，安定祥和，一种能让人回到家心就能静下的空间。

B 环境风格 Creativity & Aesthetics

用简单的设计符号，用传统的移步换景的空间手法，勾画出了简单的、奢侈的空间。如悠闲的前茶室、简约开放的厨房餐厅、宽大又不失时尚的客厅、犹抱琵琶半遮面的书房、意由心升的后休闲阳台。

C 空间布局 Space Planning

各空间的融通贯穿营造出的禅意是本空间的精髓。

D 设计选材 Materials & Cost Effectiveness

选用了普通的灰砖、金刚板、原木、墙纸，色彩把控上简单采用了灰、白、咖三色，灯光上使用LED光源，主要采用背光源来营造出一个简单而又不失奢华、安静的都市绿洲，一个具有东方韵味的家。

E 使用效果 Fidelity to Client

业主很满意。

Project Name_

Design and Space

Chief Designer_

Zhou Shaoyu

Location_

Fuzhou Fujian

Project Area_

160sqm

Cost_

400,000RMB

项目名称_

设即空

主案设计_

周少瑜

项目地点_

福建 福州

项目面积_

160平方米

投资金额_

40万元

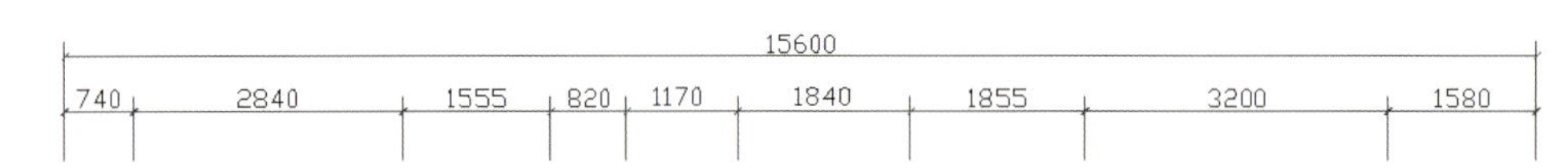

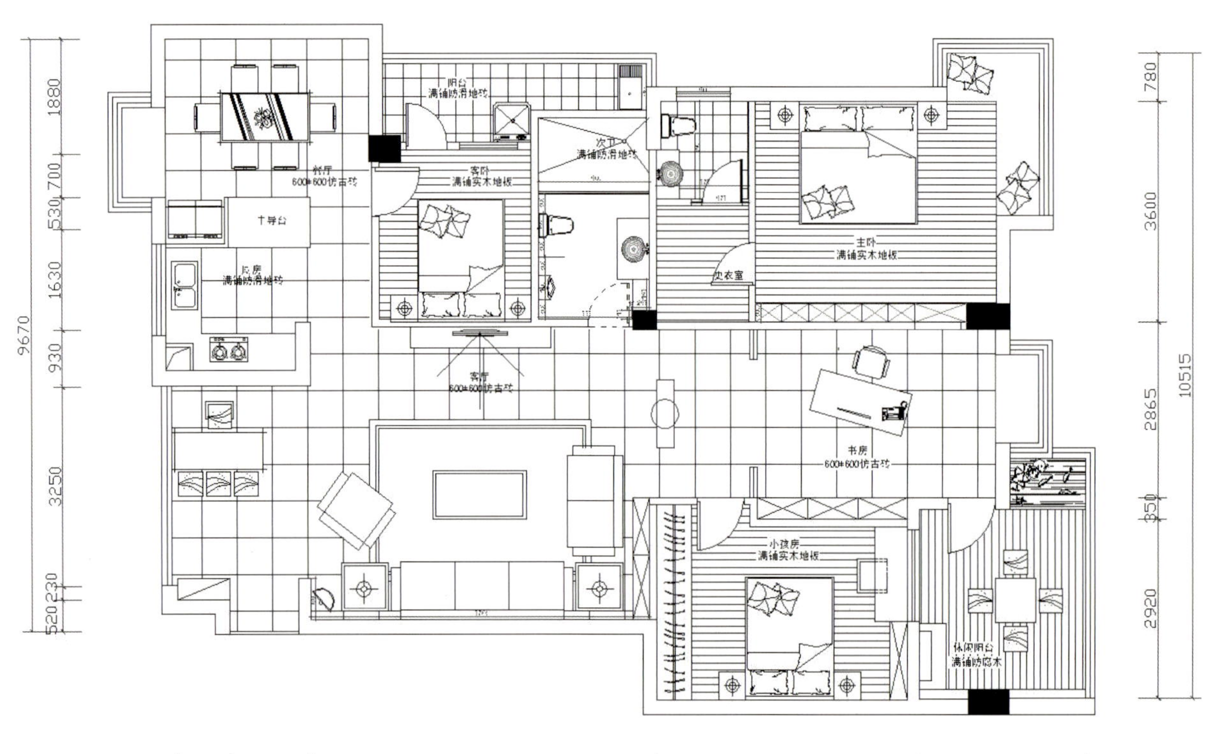

平面布置图

二十五史

主案设计：
钱思慧 Qian Sihui
博客：
http:// 811625.china-designer.com
公司：
广州市柏舍装饰设计有限公司
职位：
高级设计师

奖项：
2012年第十五届中国室内设计大奖赛“学会奖”住宅、别墅、公寓工程类等级奖

项目：
新世界金湖6C-2户型样板房

成都中德英伦联邦项目B-01户型
Chengdu British Villa B-01 Sample Units

A 项目定位 Design Proposition
针对年轻一族族群社交需求定位。

B 环境风格 Creativity & Aesthetics
现代时尚简约风，突出空间的灵活性，，大大提升空间的实用性。

C 空间布局 Space Planning
拆除餐厅与厨房相邻的墙体,让厨房形成开放区域，橱柜面延伸为餐桌；隐于客厅角落的私人阅读区；露台的户外用餐区为年轻族群社会生活提供另一场景。

D 设计选材 Materials & Cost Effectiveness
色彩上以经典的灰、白、黑穿插交合配色，同时通过镜面的反射增添了空间的一丝趣味，营造设计感，提升空间的使用价值。

E 使用效果 Fidelity to Client
通过对平面布局的合理调整，让实用性大大提高;通过设计手法及材料合理选配，空间感大大加强。尤其在设计风格的展示效果,让客户群耳目一新的感觉。

Project Name_
Chengdu British Villa B-01 Sample Units
Chief Designer_
Qian Sihui
Participate Designer_
Zeng Guoqiang
Location_
Chengdu Sichuan
Project Area_
100sqm
Cost_
600,000RMB

项目名称_
成都中德英伦联邦项目B-01户型
主案设计_
钱思慧
参与设计师_
曾国强
项目地点_
四川 成都
项目面积_
100平方米
投资金额_
60万元

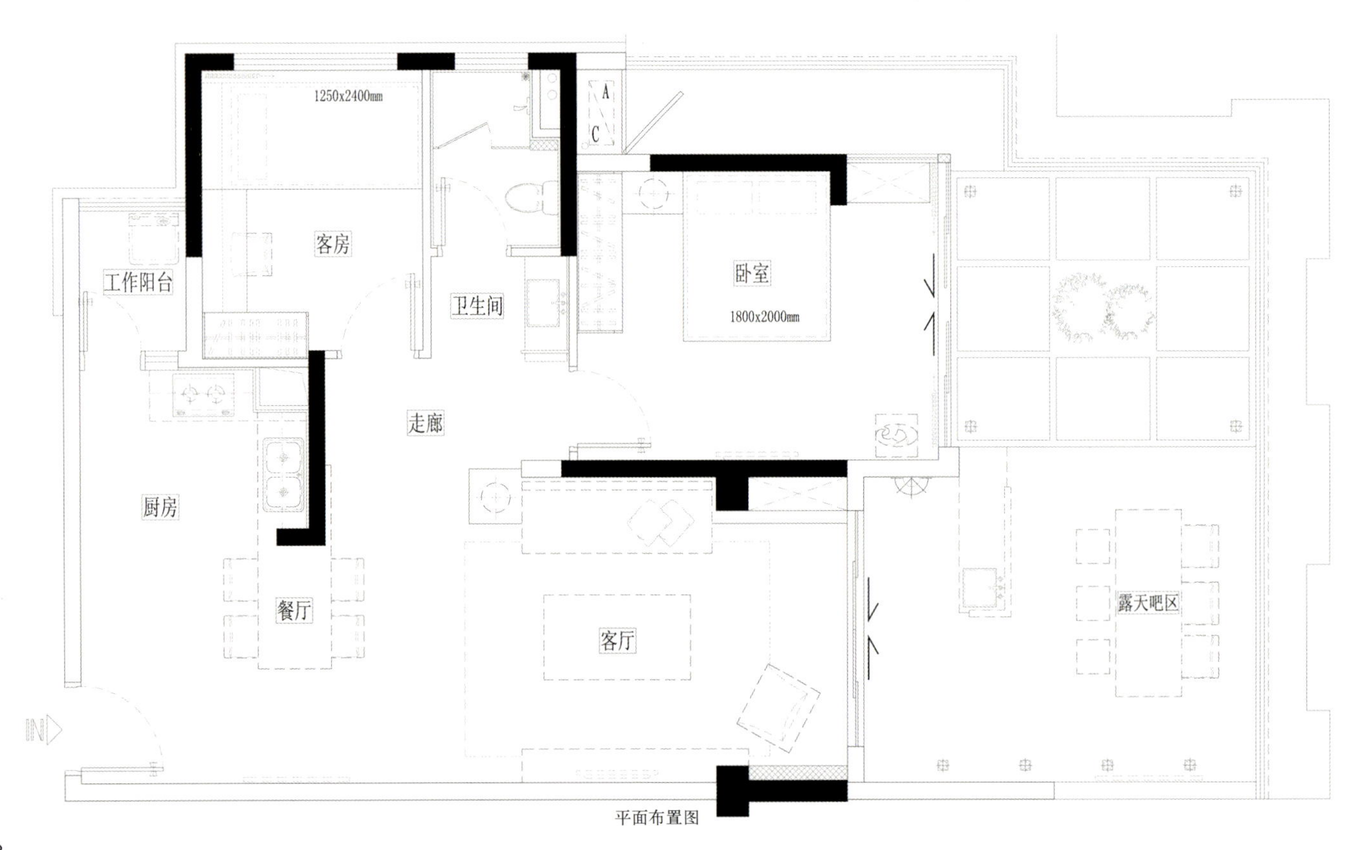

平面布置图

ROCKY
ROCKY

主案设计：

施传峰 Shi Chuanfeng

博客：

http:// 818959.china-designer.com

公司：

福州宽北装饰设计有限公司

职位：

首席设计师

奖项：

2011年“金指环-全球室内设计大赛”商业类别银奖

2011年（亨特窗饰杯）中国首届软装设计盛典100强商业空间优秀作品、住宅空间优秀作品

2011年金堂奖年度十佳别墅设计、优秀休闲空间设计、优秀住宅公寓设计

2011年度国际空间设计大赛“艾特奖”最佳会所设计提名奖及两项入围奖

2012年中国室内设计师黄金联赛（第二季）居住空间工程类一等奖、公共空间工程类二等奖

项目：

天瑞酒庄

灰墙完美

黑白演绎的精彩

以酷的姿态享受生活

连江鸿芝商业广场

山东海阳盛世双帆售楼部

永安龙山馨园售楼部

以酷的姿态享受生活

Enjoy life, Just So Cool

A 项目定位 Design Proposition

原先的房子由于家庭成员的增加而显得局促，于是主人在同一小区内购买了一套75平方米的毛胚房。如此一来既能照顾家人，又能将自己对于生活，对于设计的理想在这个空间内淋漓尽致地展示出来。

B 环境风格 Creativity & Aesthetics

空间是有记忆的，它清晰地刻画着主人每个阶段的状态；家是有灵性的，它大方地透露着主人的性情。设计师深知此道，在这个自我的居家空间里，我们感受到的是冷峻硬朗的色彩与干净冷落的结构。在这种酷劲十足的表象之下，蕴含着主人对待设计的诚恳与忠实于功能主义的理想。

C 空间布局 Space Planning

改变原始厨房区域的位置与布局，并在其中划分出一个独立的书房空间，这种功能区域的组合实用而有趣。在这个家居环境中，并没有设置传统意义上的餐桌，而是将与厨房毗邻的吧台转化成休闲与用餐兼具的载体。客厅区域的面积被截取出一部分纳入错层上方的小孩房，而飘窗的合理利用使得客厅的视觉面积并未削弱。小孩房吸纳了客厅的部分区域成为床铺，抬高的区域具有强大的收纳功能。

D 设计选材 Materials & Cost Effectiveness

“不用一片瓷砖”，设计之初，主人便给这个新家烙上了鲜明的材质标签。当我们走进这个空间时，“酷”这个字眼是对目之所及的区域最佳的注解。以较少的色彩，加之金属与玻璃塑以冷峻，营造出居室的男人味。

E 使用效果 Fidelity to Client

时而轻拂笔尖，时而顿挫有力，这个家似乎是设计师软硬兼施的画作，我们感受到的不仅是其浓浓的个人色彩，还有他心中渐次绽放的设计理想。

Project Name_

Enjoy life, Just So Cool

Chief Designer_

Shi Chuanfeng

Location_

Fuzhou Fujian

Project Area_

75sqm

Cost_

150,000RMB

项目名称_

以酷的姿态享受生活

主案设计_

施传峰

项目地点_

福建 福州

项目面积_

75平方米

投资金额_

15万元

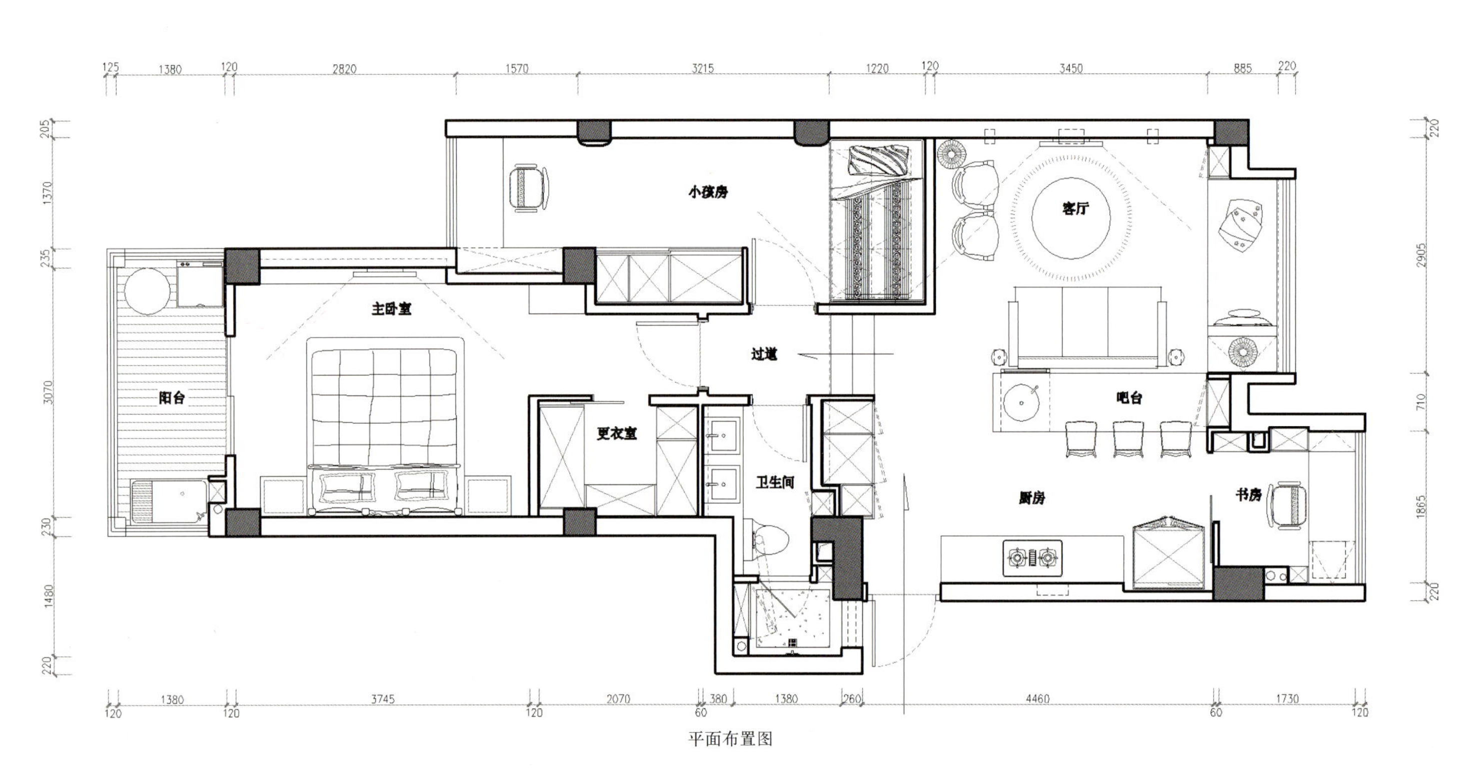

平面布置图

主案设计：
郑杨辉 Zheng Yanghui
博客：
http:// 819477.china-designer.com
公司：
福州创意未来装饰设计有限公司
职位：
总经理

奖项：
2012别墅作品入选首届中国软装"奥斯卡"评选中国软装100盛典十佳作品
2012年获ic@-word全球金指环室内设计比赛方案类银奖
2011年获中国室内设计大赛CIID举办的首届"学会奖"商业空间金奖(全国仅四位获此金奖)
2011年获ic@-word全球金指环室内设计比赛餐饮空间银奖（全国仅一位获此餐饮类奖）

项目：
静泊·家
心迹归航
墨情空间
寻常故事
云顶"视"界
静聆风吟
海联汇

静聆风吟

Listening to the Words of the Wind

A 项目定位 Design Proposition

每个人的心里都装着一个关于家的梦想,看着城市中亮起的万家灯火，只有家的温暖最贴近我们的心灵。"静聆风吟"是一位儒雅成功人士对自己寓所的期盼。

B 环境风格 Creativity & Aesthetics

新东方淡淡散发的内敛尊贵和淡定从容的空间气质是设计师要表达的空间目标。

C 空间布局 Space Planning

平面动线上的规划：将原有的入户划归为餐厅空间，做到餐厅和厨房空间的直接互动，引入了光线和通风。客厅区域和半敞开的书房空间最大限度容纳了家人沟通互动的空间场景。

D 设计选材 Materials & Cost Effectiveness

2700摄温的暖色灯光；直线造型的空间规划整合，材质单一性和变化性的整合，在肌理质感和色彩的协调下构建的空间的骨架；而河流沉淀树木的抽象画，"静聆风吟"的屏风，紫砂茶道等在空间中弥漫，潜入心里，诉说新东方的空间气质意境。

E 使用效果 Fidelity to Client

业主很满意。

Project Name_
Listening to the Words of the Wind
Chief Designer_
Zheng Yanghui
Location_
Fuzhou Fujian
Project Area_
180sqm
Cost_
380,000RMB

项目名称_
静聆风吟
主案设计_
郑杨辉
项目地点_
福建 福州
项目面积_
180平方米
投资金额_
38万元

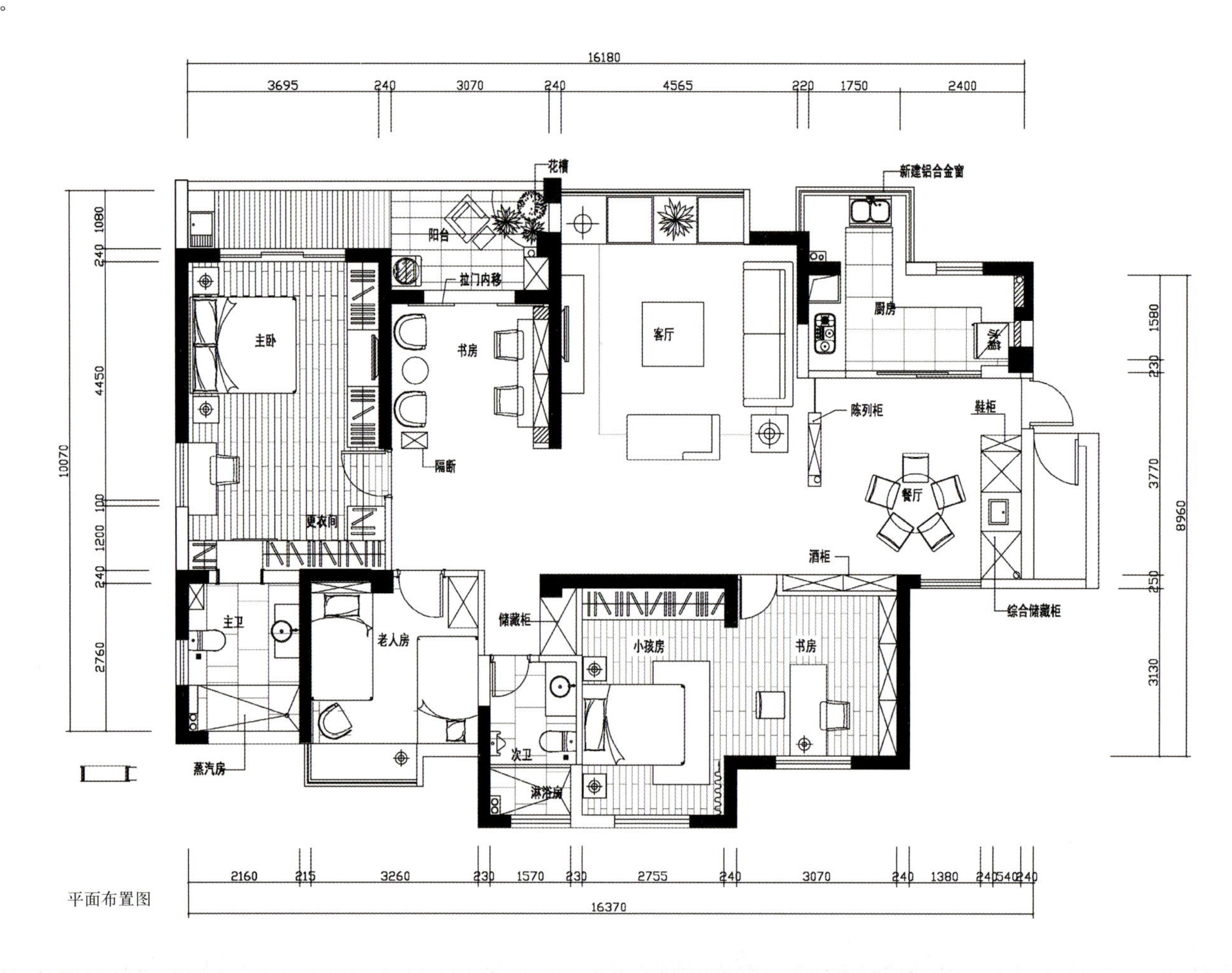

平面布置图

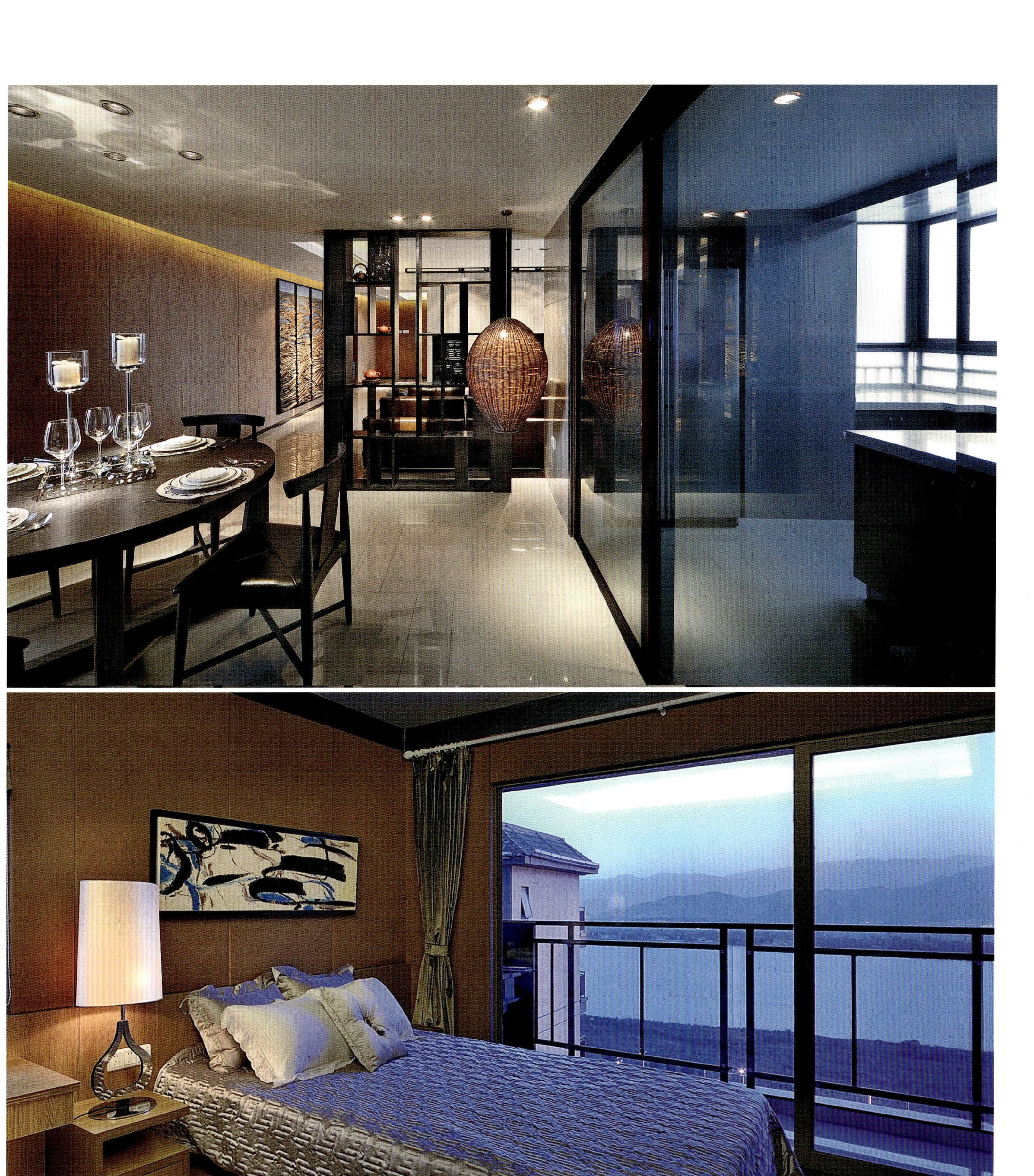

主案设计：
孙冲 Sun Chong
博客：
http:// 819627.china-designer.com
公司：
昆明中策装饰（集团）有限公司
职位：
主任设计师

奖项：
云南印象（实例）获中国室内设计大赛双年展入围奖
盛高大城（实例）——雅获2011年金堂奖年度优秀住宅公寓作品奖

项目：
滇池高尔夫
滇池卫城橡树庄园
阳光海岸
广基海悦
香槟小镇
博林广场商住
云南印象
俊园
世博生态城
清水木华
世纪城春城佳墅
新亚洲体育城
滇池卫城

格调生活
Savour Stly of Life

A 项目定位 Design Proposition
打造具有个性特色的居住空间，清新而有格调。

B 环境风格 Creativity & Aesthetics
本案以现代简约的风格诠释，以白色为基调，搭配咖啡色和浅灰色，缔造优越和高品位的生活。

C 空间布局 Space Planning
整个空间在保持功能和谐的条件下，允许个性化的创造与表现，环环相扣的空间以线条的美感尽现时尚简约的家居美学。

D 设计选材 Materials & Cost Effectiveness
充分利用瓷砖和石材的特质，让整个空间干净、通透。

E 使用效果 Fidelity to Client
实现了品质感的生活空间。

Project Name_
Savour Stly of Life
Chief Designer_
Sun Chong
Location_
Kunming Yunnan
Project Area_
140sqm
Cost_
600,000RMB

项目名称_
格调生活
主案设计_
孙冲
项目地点_
云南 昆明
项目面积_
140平方米
投资金额_
60万元

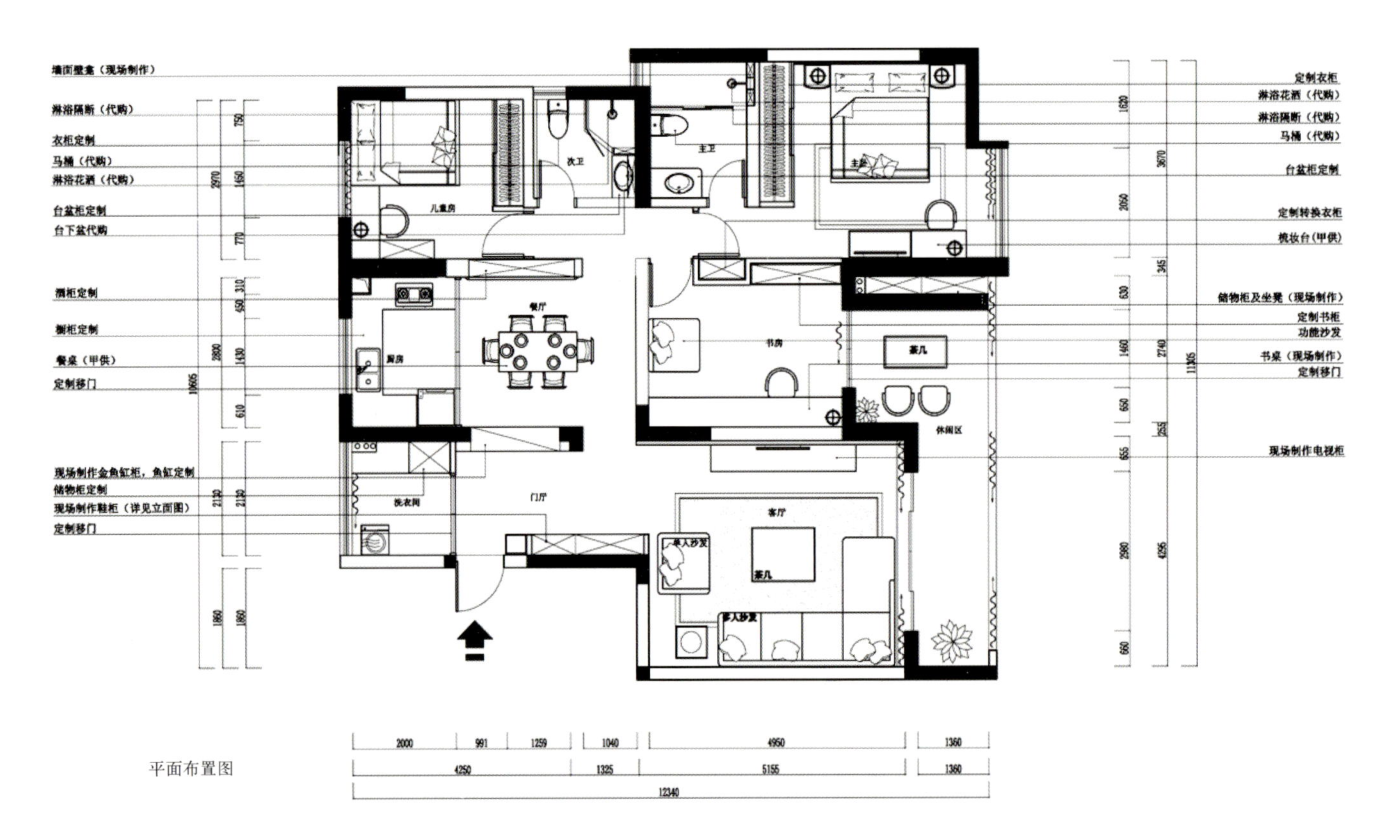

平面布置图

主案设计：
黄希龙 Huang Xilong
博客：
http:// 820173.china-designer.com
公司：
湖南省长沙市艺筑装饰设计工程有限公司
职位：
创意总监

职称：
国家工艺美术师
中国建筑学会室内设计分会会员
长沙设计师委员会委员
奖项：
2012年亚洲室内设计竞赛中国区选拔赛优胜奖
2012年“金外滩”最佳居住空间优秀奖
2011年第十四届中国室内设计大奖赛 铜奖
2010年湖南年度最佳室内设计师
2010年湖南省第十届室内设计大赛 银奖
项目：
绿城桂花城
格兰小镇
藏龙
博林金谷
悦禧山庄
湘江世纪城

素言
Expression of Plain Colour

A 项目定位 Design Proposition
本项目位于居民楼的顶层，屋主希望打造具多功能但空间又各自独立的理想住宅。

B 环境风格 Creativity & Aesthetics
一个能在这嘈杂的城市之外找到一片宁静的、自然的和舒适的地方—— 家。

C 空间布局 Space Planning
本案以白色为主色调，运用隐藏与开放的设计手法，让天然材料构筑出自由的空间秩序，餐厅旁边改造出一个品酒区，在创造宽广干净的空间的同时，也让整体布局有了调整的弹性。电视背景后面的茶室用玻璃隔开，让空间即独立又相互联系。

D 设计选材 Materials & Cost Effectiveness
整个环境留白与原木、石材的搭配，展现了居家空间的明亮和洁净的脱俗气质，犹如素颜的少女那最本质的清纯。

E 使用效果 Fidelity to Client
在现代的都市中给屋主带来了令人羡慕不已的自由空间，安静地展现了自然极简风格下的东方神韵。

Project Name_
Expression of Plain Colour
Chief Designer_
Huang Xilong
Participate Designer_
Min Yuping, Chen Ye, Yi Hui
Location_
Changsha Hunan
Project Area_
290sqm
Cost_
560,000RMB

项目名称_
素言
主案设计_
黄希龙
参与设计师_
闵玉萍、陈叶、易辉
项目地点_
湖南 长沙
项目面积_
290平方米
投资金额_
56万元

主案设计：
金海洋 Jin Haiyang
博客：
http:// 822580.china-designer.com
职位：
独立设计师
项目：
泉佳美的展厅

晓隐

Fresh Life

A 项目定位 Design Proposition

适合想过普通日子的普通人。

B 环境风格 Creativity & Aesthetics

无风格就是一种风格，无创新也是一种新意，一切以生活为主。

C 空间布局 Space Planning

区域划分该独立的地方要营造局部精致，该综合的地方要塑造大气美。

D 设计选材 Materials & Cost Effectiveness

健康。

E 使用效果 Fidelity to Client

像个家，不再是样板。

Project Name_
Fresh Life
Chief Designer_
Jin Haiyang
Location_
Nanjing Jiangsu
Project Area_
140sqm
Cost_
300,000RMB

项目名称_
晓隐
主案设计_
金海洋
项目地点_
江苏 南京
项目面积_
140平方米
投资金额_
30万元

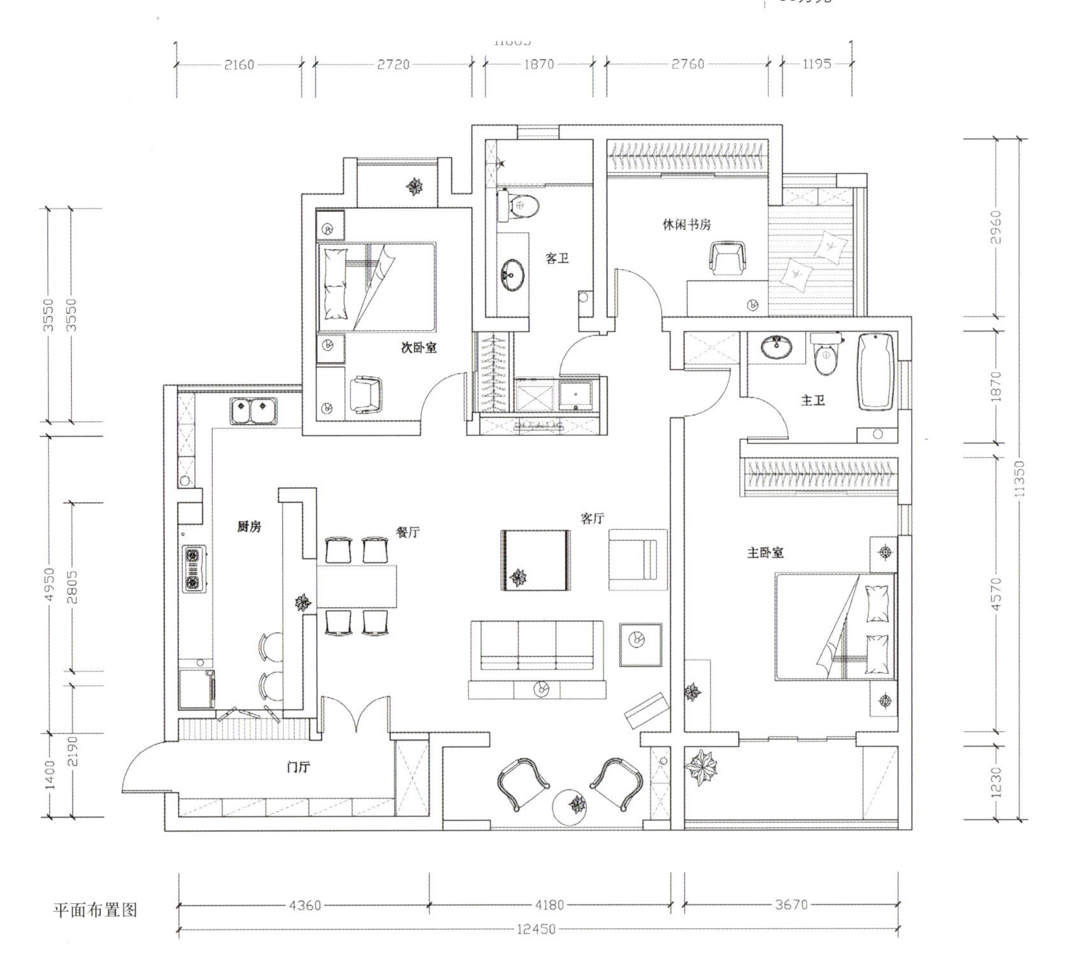

平面布置图

主案设计：
孟令凯 Meng Lingkai
博客：
http:// 980234.china-designer.com
公司：
上海鸿澜装饰设计工程有限公司
职位：
设计师

奖项：
2011年第六届大金内装设计大赛公寓组一综合设计奖铜奖
2010年“都莱德，尼高”杯、工装组入围奖

项目：
黑白森林
金邦网络科技有限公司

黑白森林
Black and White Forest

A 项目定位 Design Proposition

本案是位于常州飞龙路旁一个小区内的89平米的公寓，业主是一位年轻的女性高级白领，自由，时尚，个性是这位80后业主的向往。业主表示80后的房屋设计不需要很局限，需要设计与功能的结合，单身公寓不应该只是单纯的居住功能，一定要有视觉冲击力。

B 环境风格 Creativity & Aesthetics

经过长达一个半月的讨论，我们最终确定设计的主色调为黑白灰，为了追求视觉效果，以及将空间的视觉延伸，我们最终定稿时确定以线条为造型，贯穿整体设计。运用不同材质的深浅的线条搭配，让视觉更有冲击力，也让原本不大的空间在视觉上有一定的延伸。

C 空间布局 Space Planning

打通室内几乎所有能打的墙，让室内更加通透。

D 设计选材 Materials & Cost Effectiveness

大面积使用混水油漆，且使用黑白两色，增加空间的视觉冲击力。

E 使用效果 Fidelity to Client

业主非常喜欢。

Project Name_
Black and White Forest
Chief Designer_
Meng Lingkai
Location_
Changzhou Jiangsu
Project Area_
89sqm
Cost_
240,000RMB

项目名称_
黑白森林
主案设计_
孟令凯
项目地点_
江苏 常州
项目面积_
89平方米
投资金额_
24万元

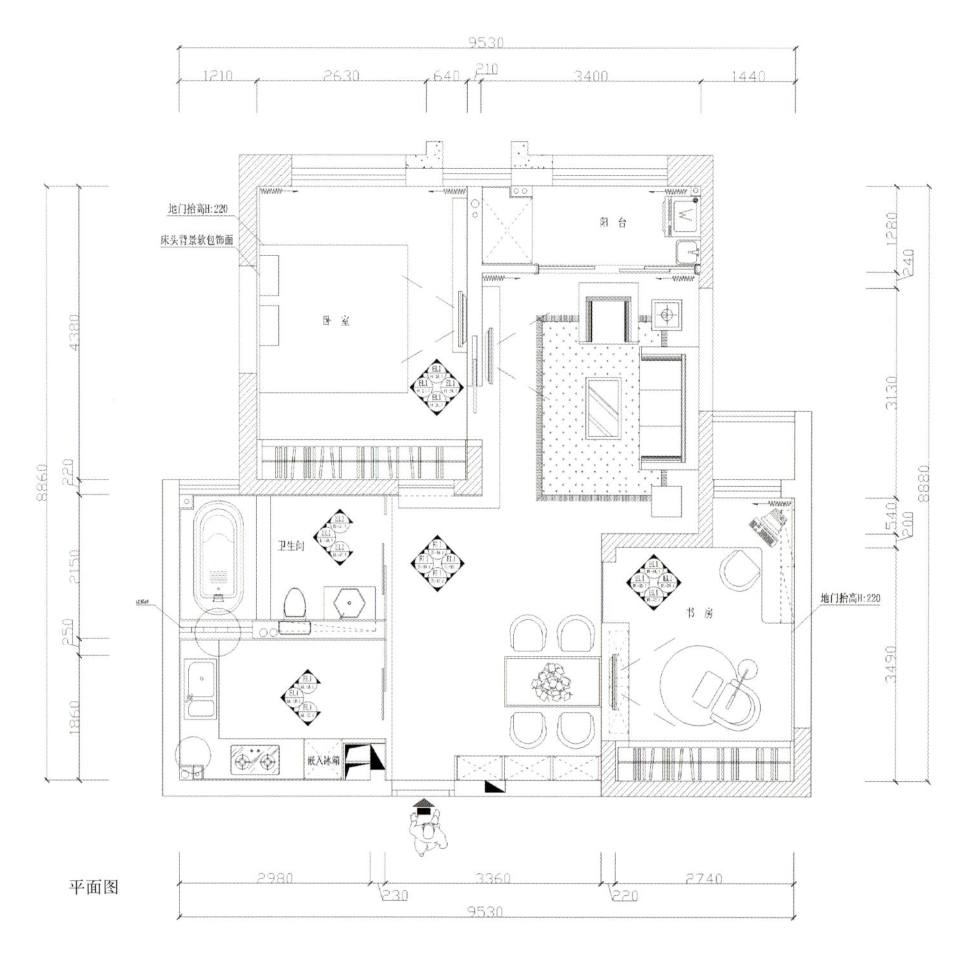

平面图

主案设计：
钟行建 Zhong Xingjian
博客：
http:// 1009316.china-designer.com
公司：
东方银座集团中国有限公司建筑设计研究院
职位：
室内设计师

奖项：
2011年（亨特窗饰杯）中国首届软装设计盛典100强商业空间优秀作品
2011年（亨特窗饰杯）中国首届软装设计盛典100强住宅空间优秀作品
2011年（亨特窗饰杯）中国首届软装设计盛典100强别墅空间优秀作品
2011年 三项作品入围 IDEA-TOPS 国际空间设计大奖-艾特奖 最佳住宅空间奖
2012年中国室内设计师黄金联赛（第二季）居住空间工程类二等奖

项目：
PARK 16 F&W CLUB，Beijing
静逸—沈阳中心城8A示范单位
立体的复古—盘锦中心城独栋示范别墅
铂金时代—东莞御廷二期2栋示范单位
假日时光—东莞御廷二期2栋示范单位

一格——沈阳中心城SOHO公馆

GRID-ShenYang ORIENTAL GINZA Center City house

A 项目定位 Design Proposition

作为21世纪以来兴起的新型房地产产品,酒店式公寓近年来在中国一线城市的房地产市场上如雨后春笋般盛行起来,在这个迅猛发展的大背景下，SOHO公馆在沈阳市大东区应运而生。

B 环境风格 Creativity & Aesthetics

即便是在繁华闹市，若想吸引潜在顾客也需下番功夫。本案希望透过空间的整合重新诠释现代人的居住生活，并依靠造型元素及丰富的色彩打破“平淡如常”的陈旧模式。

C 空间布局 Space Planning

舒适，是衡量这个空间最直接的标准及尺度。为了使空间流线显得更加理性，本案在梳理空间功能的同时，通过增加储物空间及改良传统家具，把每个空间的尺度都保留得相对合理。

D 设计选材 Materials & Cost Effectiveness

由于造价上的控制，本案并没有采取过于奢华的材料，为了强调时尚的空间，空间秉承了构成学的设计原理，采取了几何符号很强的材料元素，包括有错拼的实木地板、格子状的白橡木，以及几何化且与地毯符号呼应墙纸，若需解释空间语言，阵列是最恰当不过了。

E 使用效果 Fidelity to Client

就设计过程与项目定位本身而言，我们更希望“一格”给客户传达是一件装置艺术，能够在都市沙漠中使你停留下来的一片绿洲。

Project Name_
GRID-ShenYang ORIENTAL GINZA Center City house
Chief Designer_
Zhong Xingjian
Participate Designer_
Zhang Zhujun
Location_
Shenyang Liaoning
Project Area_
54sqm
Cost_
160,000RMB

项目名称_
一格——沈阳中心城SOHO公馆
主案设计_
钟行建
参与设计师_
张竹君
项目地点_
辽宁 沈阳
项目面积_
54平方米
投资金额_
16万元

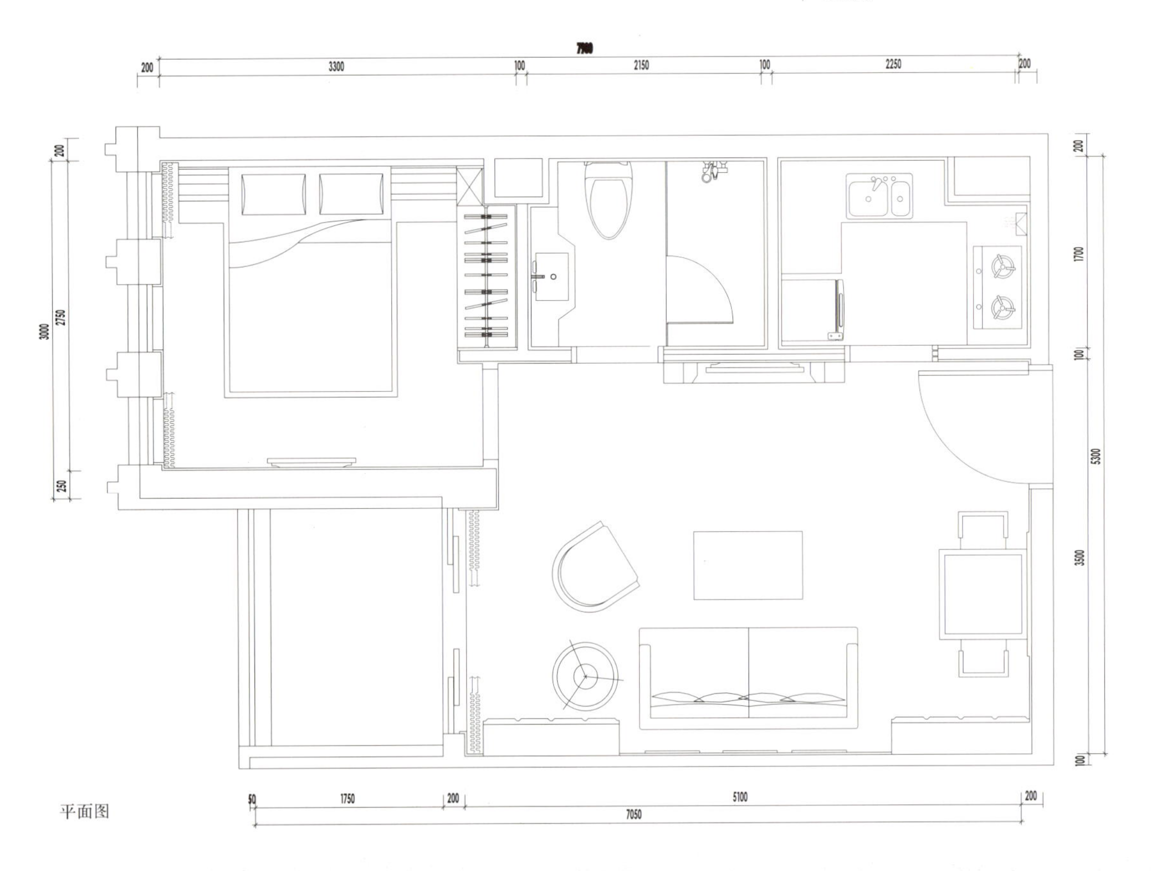

平面图

主案设计：
刘飞 Liu Fei
博客：
http:// 1010132.china-designer.com
公司：
汉象建筑设计事务所
职位：
设计总监

项目：
红石滩会所（嘉华山庄）
国信上城（徐州）
百利办公室（上海）
新聚仁（上海总部）
万福投资（上海万福会所）

香港荃湾御凯第一座

The Dynasty Building 1, Tsuen Wan, HK

A 项目定位 Design Proposition

在香港这样高度发达的社会中，如此快节奏的生活方式，作为年轻的一代需要什么样的家作为生活的载体是我们所需要考虑的。本案地理位置非常优越，地处荃湾靠近维多利亚海港。此住宅可以大面积的观海。所以我们需要提供一种优雅的、现代的、慢生活的方式给业主。

B 环境风格 Creativity & Aesthetics

整体的设计去除了复杂的装饰，留下了干净的白色，体现出了一种安静的美。 360度全景落地玻璃窗也成为一大亮点。

C 空间布局 Space Planning

我们将客厅、书房、主卧设置为景观面，做到可以处处停留、处处观景。将储物收纳的区域移到房屋的中心，来解决实际使用的问题。

D 设计选材 Materials & Cost Effectiveness

主要材料为爵士白大理石和不锈钢镀钛板材料均是最常见的。住宅的居住区的周围都用爵士白大理石包裹，而中间的贮藏区域用的是镀钛板饰面。

E 使用效果 Fidelity to Client

由于和业主认识多年，对其生活的方式和对生活的理解已经有了很多的了解，再此前提下，方案得到了很好的展现，并且突出了建筑本身的优势。

Project Name_
The Dynasty Building 1, Tsuen Wan, HK
Chief Designer_
Liu Fei
Location_
Hongkong
Project Area_
120sqm
Cost_
2,000,000RMB

项目名称_
香港荃湾御凯第一座
主案设计_
刘飞
项目地点_
香港
项目面积_
120平方米
投资金额_
200万元

平面图

主案设计：
朱武 Zhu Wu
博客：
http:// 1011403.china-designer.com
公司：
鸿扬家装
职位：
首席设计师

奖项：
2006年武汉鸿扬展示空间设计获第二届中国（深圳）设计艺术节铜奖
第二届IFI国际室内设计大赛暨2006“华耐杯”大赛佳作奖
2010年纯的中性空间获中国室内设计大赛铜奖

项目：
中性空间系列作品

中性空间
Pure Neutral space

A 项目定位 Design Proposition
用木制品来诠释整个空间，来体现老年人追求的平和，安静，文化的空间氛围需求。

B 环境风格 Creativity & Aesthetics
用现代简约手法来诠释中性美。同时又具备中国文化的儒雅精髓。

C 空间布局 Space Planning
将原有空间进行改造，例如客厅书房空间对换，书房空间与公共空间共同形成一个整体。

D 设计选材 Materials & Cost Effectiveness
用材比价简单，以木制品为主轴线，来营造现代中式文化空间。

E 使用效果 Fidelity to Client
客户及客户的朋友都非常惊喜和满意。

Project Name_
Pure Neutral space
Chief Designer_
Zhu Wu
Participate Designer_
Nie Peng, Chang Cang
Location_
Changsha Hunan
Project Area_
150sqm
Cost_
600,000RMB

项目名称_
中性空间
主案设计_
朱武
参与设计师_
聂鹏、昌沧
项目地点_
湖南 长沙
项目面积_
150平方米
投资金额_
60万元

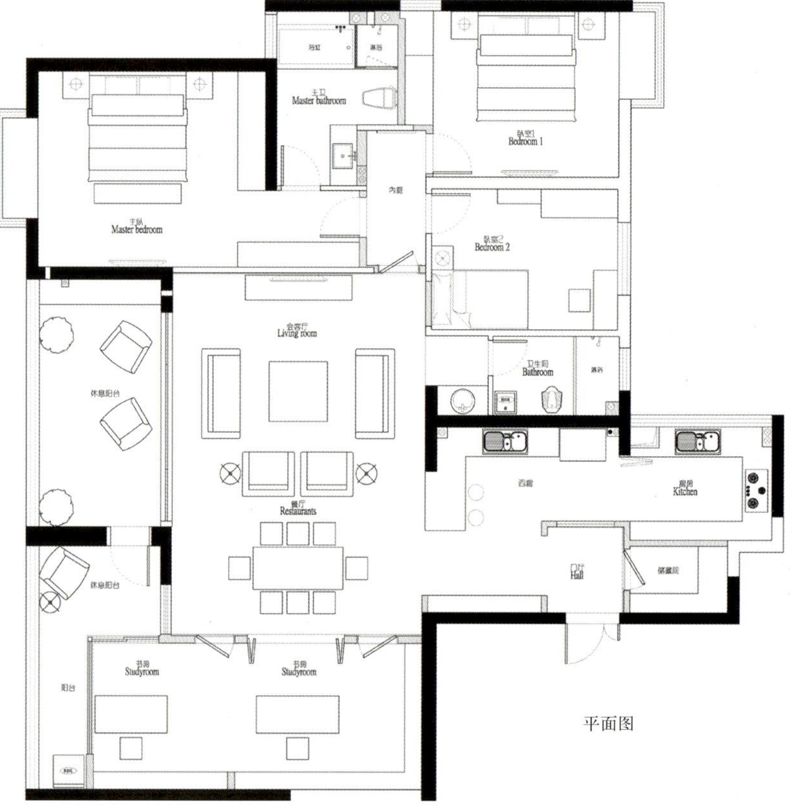

平面图

主案设计：
任朝峰 Ren Chaofeng
博客：
http:// 1014937.china-designer.com
公司：
西格建筑空间设计有限公司
职位：
设计总监

职称：
CIDA注册高级室内建筑师
奖项：
长三角住宅类二等奖

宁波日湖花园
Ningbo Sun Lake Garden

A 项目定位 Design Proposition
在相对预算的控制前提下，更好的突出业主本身（家庭）的特点为前提。

B 环境风格 Creativity & Aesthetics
在风格上融合了更多的可能性，注重这个可能性与生活的关系。

C 空间布局 Space Planning
空间布局上更多考虑其内在生活品质，不追求空间的大，追求一种精致的空间。

D 设计选材 Materials & Cost Effectiveness
在材料上采用相对成熟的材料，更多体现材料本身的质感，和新的使用方式。

E 使用效果 Fidelity to Client
更多考虑的是日后的维护方便。

Project Name_
Ningbo Sun Lake Garden
Chief Designer_
Ren Chaofeng
Location_
Ningbo Zhejiang
Project Area_
142sqm
Cost_
400,000RMB

项目名称_
宁波日湖花园
主案设计_
任朝峰
项目地点_
浙江 宁波
项目面积_
142平方米
投资金额_
40万元

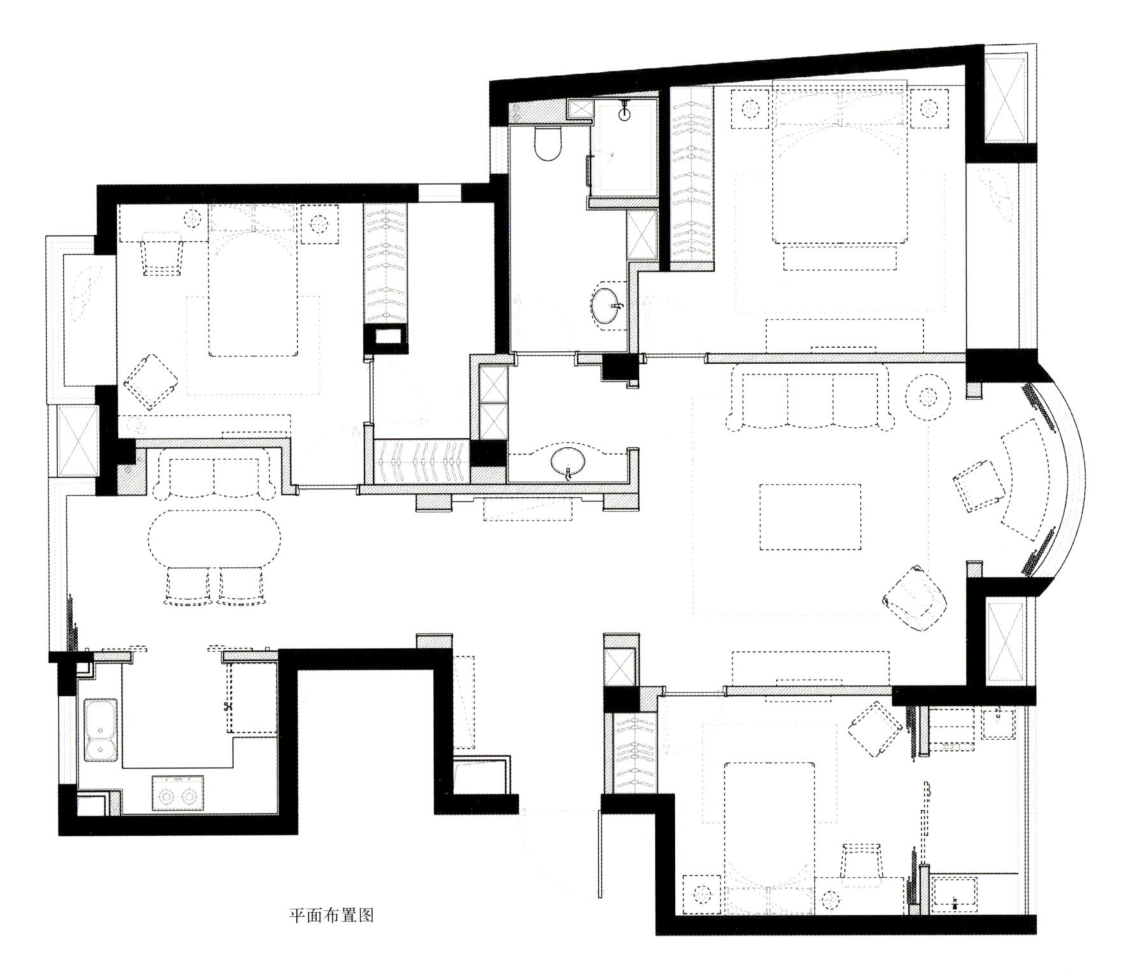

平面布置图

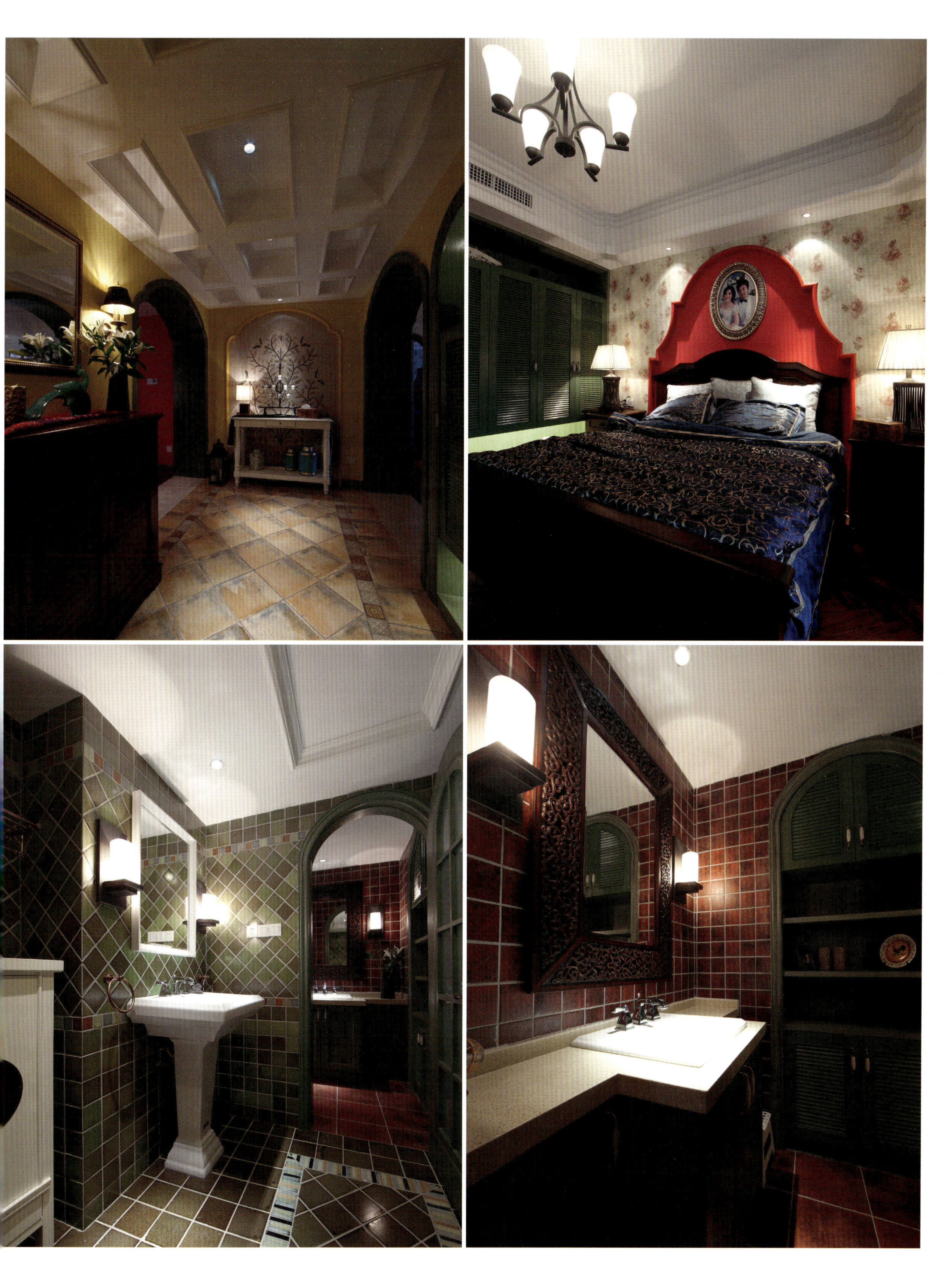

主案设计：
夏平 Xia Ping
博客：
http:// 1015093.china-designer.com
公司：
湖南自在天装饰设计工程有限公司
职位：
首席设计师

项目：
长沙名都花园住宅设计
湖南岳阳质监局主办公楼装修设计
长沙缇香小镇售楼部设计

墨彩人生
Ink and Color

A 项目定位 Design Proposition
东方的绅士生活，并不是一味的复古，亦不是忙目地崇洋。在城市的高楼林立与喧哗背后，内心深处想寻找一种安宁、清净。

B 环境风格 Creativity & Aesthetics
本案是基于业主这种生活背景，在整体简约硬朗的线条中力求细致，通过运用木饰面以及木地板达到和谐的空间平衡感。

C 空间布局 Space Planning
一种克莱因蓝贯穿整个空间，给原来沉重的木色增添更多的活力。完整的体现东方绅士最本质的冷静、沉稳、朴实又不断求新求变的性格特点。

D 设计选材 Materials & Cost Effectiveness
一副清新的宫廷绘画配以素色现代麻质面料沙发，亚克力亮光铆钉箱几，全实木茶桌，以及从法国带来具有东方韵味的将军罐。

E 使用效果 Fidelity to Client
将新东方混搭做得到了极致。这种生活正是业主所期待的。

Project Name_
Ink and Color
Chief Designer_
Xia Ping
Location_
Loudi Hunan
Project Area_
161sqm
Cost_
500,000RMB

项目名称_
墨彩人生
主案设计_
夏平
项目地点_
湖南 娄底
项目面积_
161平方米
投资金额_
50万元

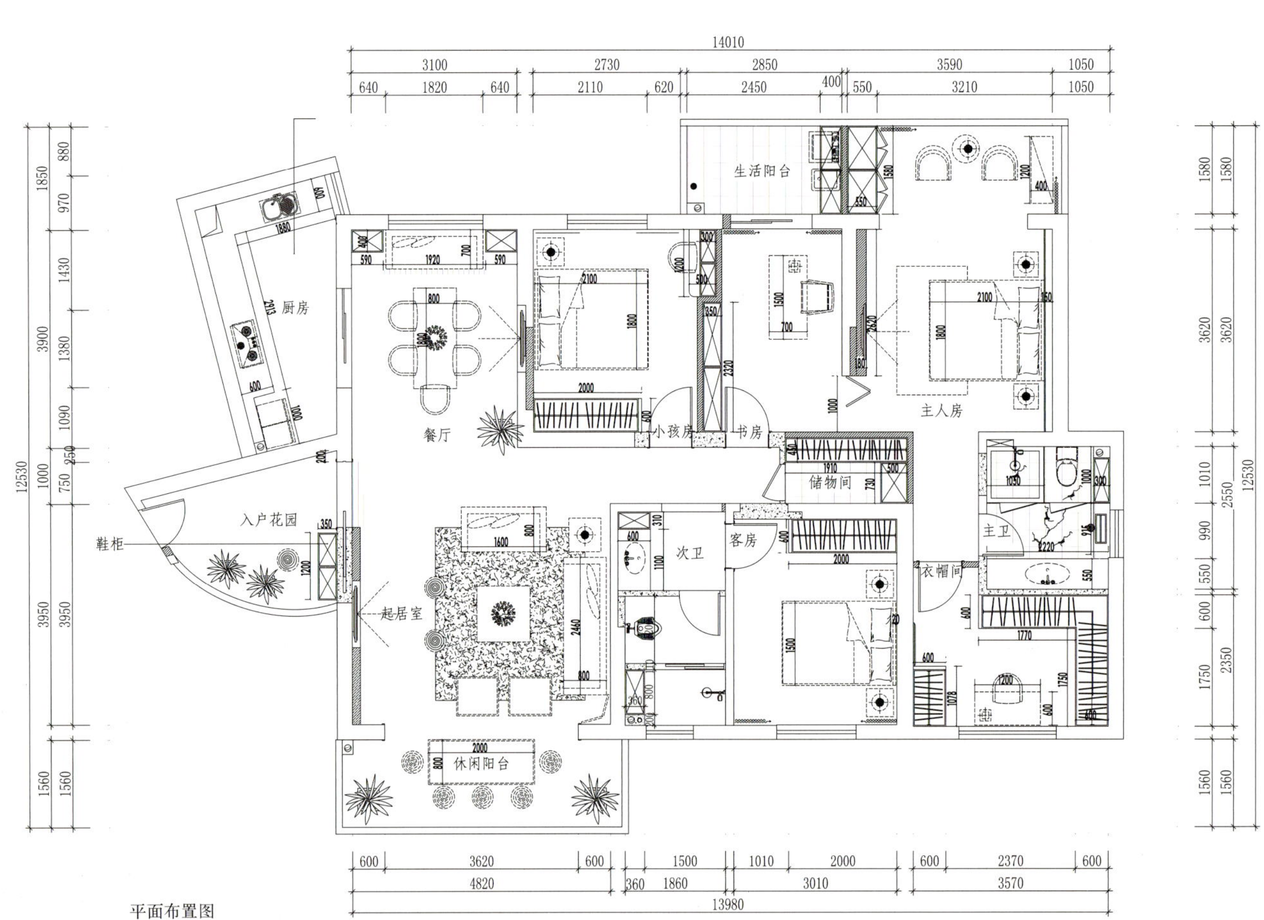

平面布置图

主案设计：

唐妮娜 Tang Nina

博客：

http:// 1015664.china-designer.com

公司：

重庆天和建筑装饰有限公司

职位：

设计总监

项目：

pop美发沙龙

东方王榭

重庆海棠晓月江景房

Haitang Xiaoyue River-view House, Chongqing

A 项目定位 Design Proposition

这是一套200平米的江景错层房。业主是一位单身男士，定位为新式高端豪宅。

B 环境风格 Creativity & Aesthetics

风格上采用比较硬朗的、舒适的白色智能极简主义，整套房子采用全智能系统，用iPod和iPhone控制房内所有家电，包括地暖，空调，投影，音响，灯光，窗帘等。

C 空间布局 Space Planning

在空间上突出一个“大”字，尽量使原有格局更加通透，使用自然采光，更节能环保。卫生间是另一个亮点，把浴缸和瀑布式淋浴放在了主卧室的阳台上，让业主在放松的同时享受无敌江景。客厅唯一的台阶用整块柏木制成，木台阶的条形码刻上了业主的生日，在细节上突出个性。

D 设计选材 Materials & Cost Effectiveness

全屋没有使用传统墙纸，而精心挑选了各种质感的精致砖贴工艺。客厅和主卧室的门使用了全折叠式大开门，内门是酸枝木，外面是高品质钢质型材。传统的塑料滑门立柱过多，全折叠式门可以更好的打开视线，让一线江景尽收眼底。

E 使用效果 Fidelity to Client

突出了业主的时尚品味。

Project Name_

Haitang Xiaoyue River-view House, Chongqing

Chief Designer_

Tang Nina

Location_

Chongqing

Project Area_

200sqm

Cost_

1,000,000RMB

项目名称_

重庆海棠晓月江景房

主案设计_

唐妮娜

项目地点_

重庆

项目面积_

200平方米

投资金额_

100万元

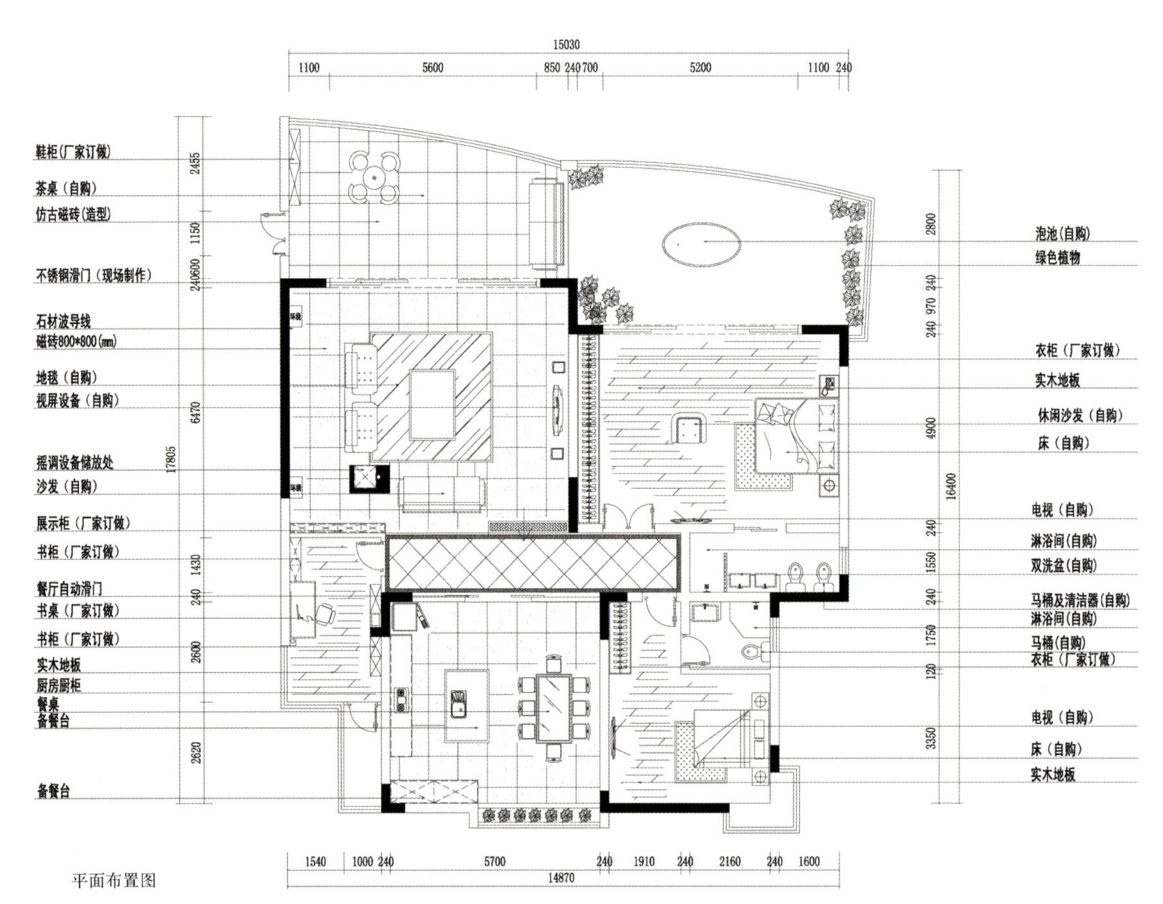

平面布置图

主案设计：
张祥镐 Zhang Xianggao
博客：
http:// 1015747.china-designer.com
公司：
伊太空间设计事务所
职位：
设计总监

项目：
宜兰女中路集合住宅
桃园Shanyang Ye 建筑外观
北京富城办公建筑案
台北南港黄公馆
台北塔悠路水人山楼宅
台北忠孝东路刘宅
Vorwerk Taipei Office
AA Freight Taipei Office
Moi 连锁餐饮店

台北塔悠路LOFT休闲住宅
Taipei Ta-Yu Loft Leisure House

A 项目定位 Design Proposition
此案提供河岸景观的度假休闲概念，夜幕渐低垂，沿着台北市淡水河望向河堤的绿地，整个休闲度假的感受油然而生。

B 环境风格 Creativity & Aesthetics
在此40多坪的规划重点，其格局只配置一间卧室，其余空间皆为开放型平面。

C 空间布局 Space Planning
所有柜体皆托开地面，让开放型配置的地坪面得以无限延伸，配上灰色系冷色调的盘多磨地板，更突显简洁利落的设计感。而透过落地观景窗，结合了客厅/工作台面/钢琴区，让整体开放赶在此展露无疑。

D 设计选材 Materials & Cost Effectiveness
入口进入眼帘，就是双色搭配的梧桐钢刷木皮，配合伊太设计专精的实木铁件复合而生的悬挑巴台，让轻盈感和利落感油然而生。配上开放型厨房，并配置一西班牙进口赛丽石中岛台面，让这对业主夫妻可以无处不享受这独一无二的休闲自宅。在卫浴里，运用了传统磨石子工法在墙面及洗手台上，配合饭店式的大面活动镜面结合泡澡电视墙，让业主在这卫浴里可以完全放松，并享受到顶级的饭店感受。而唯一的一间卧室里，配上业主钟情的床架布幔，让这对神仙眷侣可以享受浪漫休闲的卧室气氛。在面对河堤大面的观景阳台，利用了户外碳化木铺设天地壁，让休闲轻松的气氛，围塑在此阳台中。

E 使用效果 Fidelity to Client
业主非常满意。

Project Name_
Taipei Ta-Yu Loft Leisure House
Chief Designer_
Zhang Xianggao
Location_
Taipei Taiwan
Project Area_
220sqm
Cost_
2,000,000RMB

项目名称_
台北塔悠路LOFT休闲住宅
主案设计_
张祥镐
项目地点_
台湾 台北
项目面积_
220平方米
投资金额_
200万元

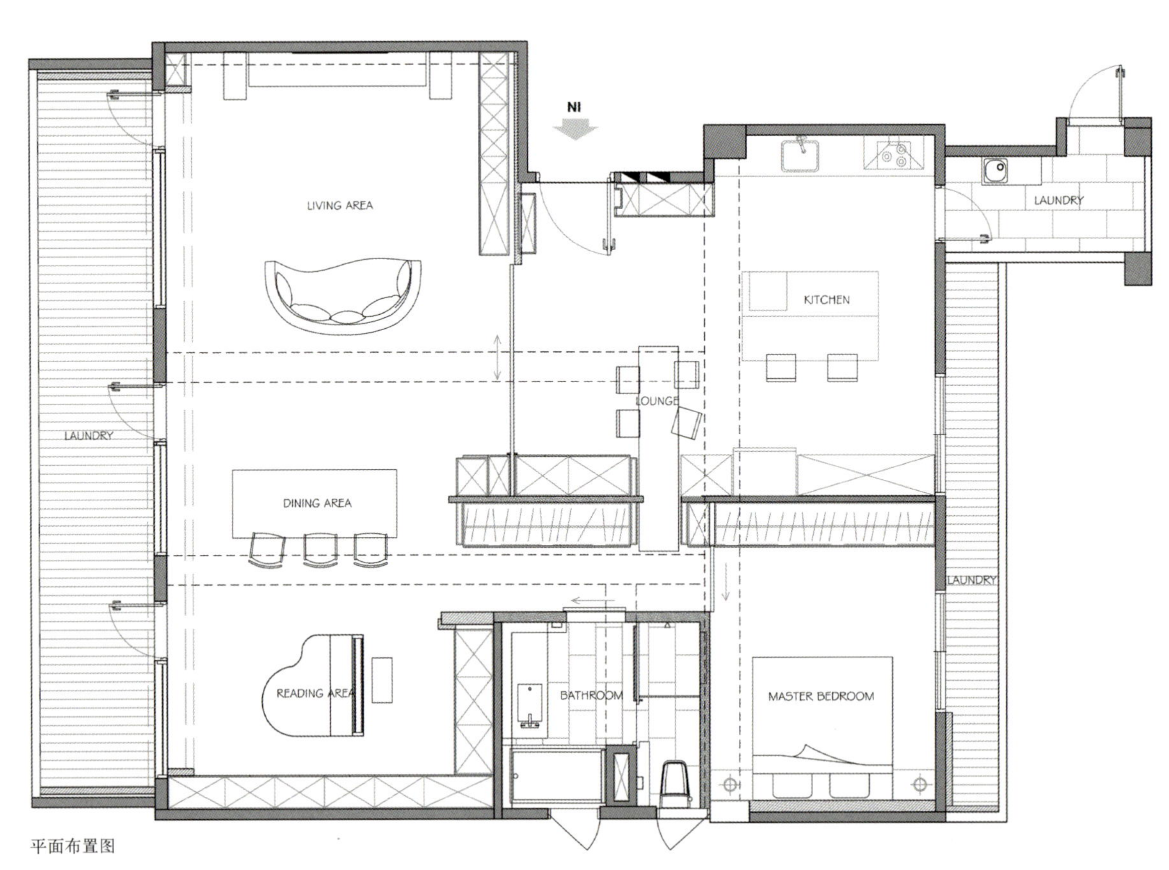

平面布置图

主案设计：
陈德亮 Chen Deliang
博客：
http:// 1015782.china-designer.com
公司：
湖南鸿扬家庭装饰设计工程有限公司
职位：
高级设计师

奖项：
2011年8月获得鸿扬集团室内设计大赛最佳设计方案主题设计奖》
2011年12月获得湖南省第十一届室内设计大赛家居空间工程实例类优秀奖》
2011年4月获得上海国际室内设计节金外滩最佳饰品搭配奖》
2012年8月获得鸿扬集团室内设计大赛最佳工程实例主题设计奖、最佳配饰类奖、工程实例类一等奖
项目：
同升湖别墅
保利阆峰别墅
湘江世纪城
金色屋顶

自游 自由
Sport, Free space

A 项目定位 Design Proposition
面对自己的家，让我有一种久违的创作冲动。

B 环境风格 Creativity & Aesthetics
“自游”，积木玩具般的游戏。“自由”，不同的姿态与场景呈现出不同的情景对话，犹如水墨画般的惊喜结果。它没有固定在港湾，而是“自游”在大海。

C 空间布局 Space Planning
把居家的收纳功能与空间的界线都掩藏在纯净的外表下，把浮现眼前的空间变成即将绘画的画布，然后用心体验一番自我创作的乐趣。

D 设计选材 Materials & Cost Effectiveness
被定义家具的物体只是些简单的方块，方盒。正因为它们的简单，才成就了多样多变的可能性。

E 使用效果 Fidelity to Client
道具可以是几页白纸，几个螺纹钢方框，几张画廊出售的普通纸面具。用心与它们对话，为它们赋予生命的同时，感觉家居生活的快乐其实可以来的很简单。

Project Name_
Sport, Free space
Chief Designer_
Chen Deliang
Location_
Changsha Hunan
Project Area_
109sqm
Cost_
200,000RMB

项目名称_
自游 自由
主案设计_
陈德亮
项目地点_
湖南 长沙
项目面积_
109平方米
投资金额_
20万元

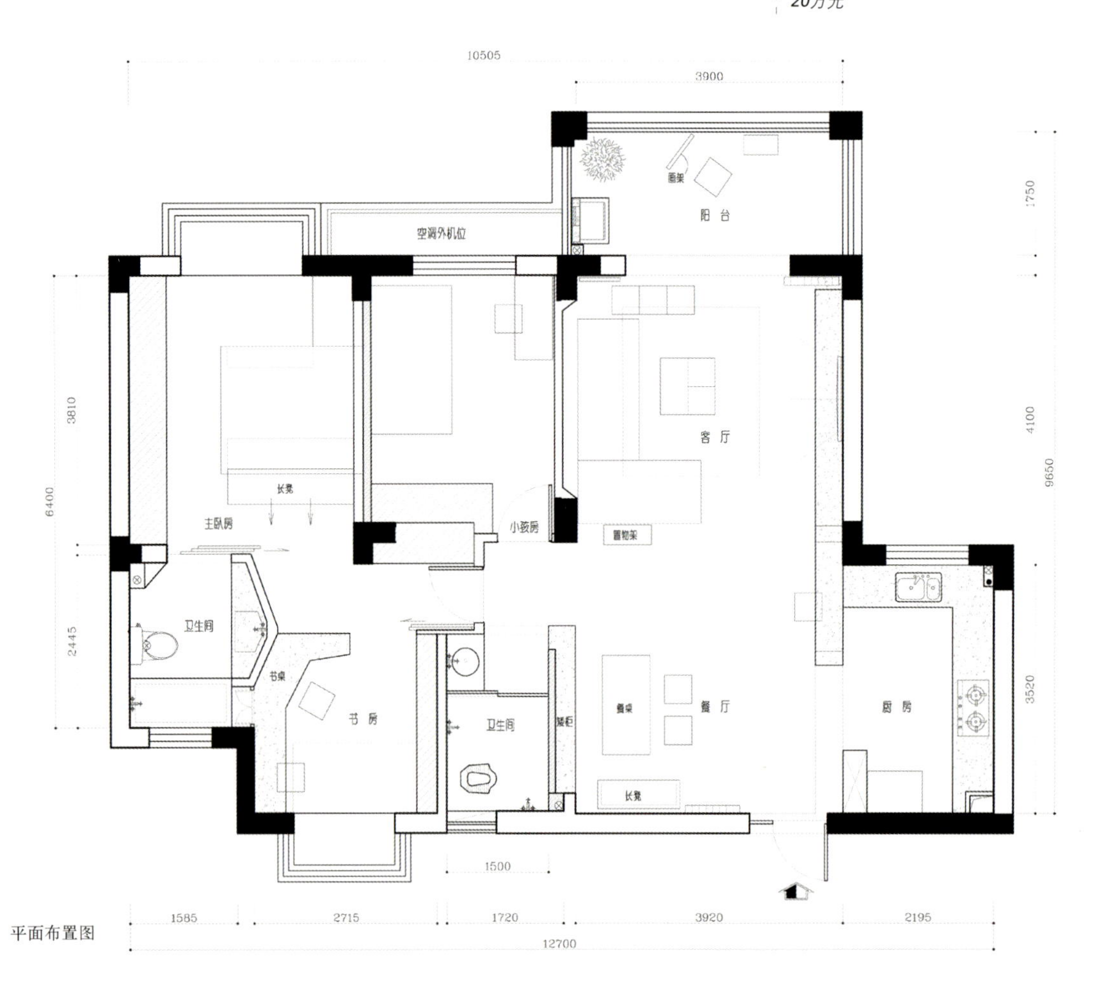

平面布置图

REVIEW

主案设计：
张罡 Zhang Gang
博客：
http:// 1015785.china-designer.com
公司：
湖南鸿扬家庭装饰设计工程有限公司
职位：
首席设计师

奖项：
2006年全国住宅装饰装修行业优秀设计师
2008湖南省第八届室内设计大奖赛家居空间实例类金奖
2009湖南省第九届室内设计大奖赛家居空间实例类金奖
2009“尚高杯”中国室内大奖赛住宅.别墅.公寓工程类铜奖
2010年AIDIA亚洲室内设计大赛 铜奖

项目：
君悦佳筑——自由空间
湘域中央
中天风景——重力悬浮

归根约静
It Is About Static

A 项目定位 Design Proposition
宁静无从而来，唯有找到自己的文化基因、民族性格。

B 环境风格 Creativity & Aesthetics
本案最本真、最欢喜的状态来自内心的宁静。

C 空间布局 Space Planning
设计中的茶室、天井、树林、木屋、藤制的灯、窗纸上的树影、布谷鸟的鸣叫，仿佛在这山水间品尝茶道。

D 设计选材 Materials & Cost Effectiveness
选用最朴素质地的材料。

E 使用效果 Fidelity to Client
当代的生活方式和中国的审美在这里能够唤起新的思考。

Project Name_
It Is About Static
Chief Designer_
Zhang Gang
Location_
Changsha Hunan
Project Area_
333sqm
Cost_
2,300,000RMB

项目名称_
归根约静
主案设计_
张罡
项目地点_
湖南 长沙
项目面积_
333平方米
投资金额_
230万元

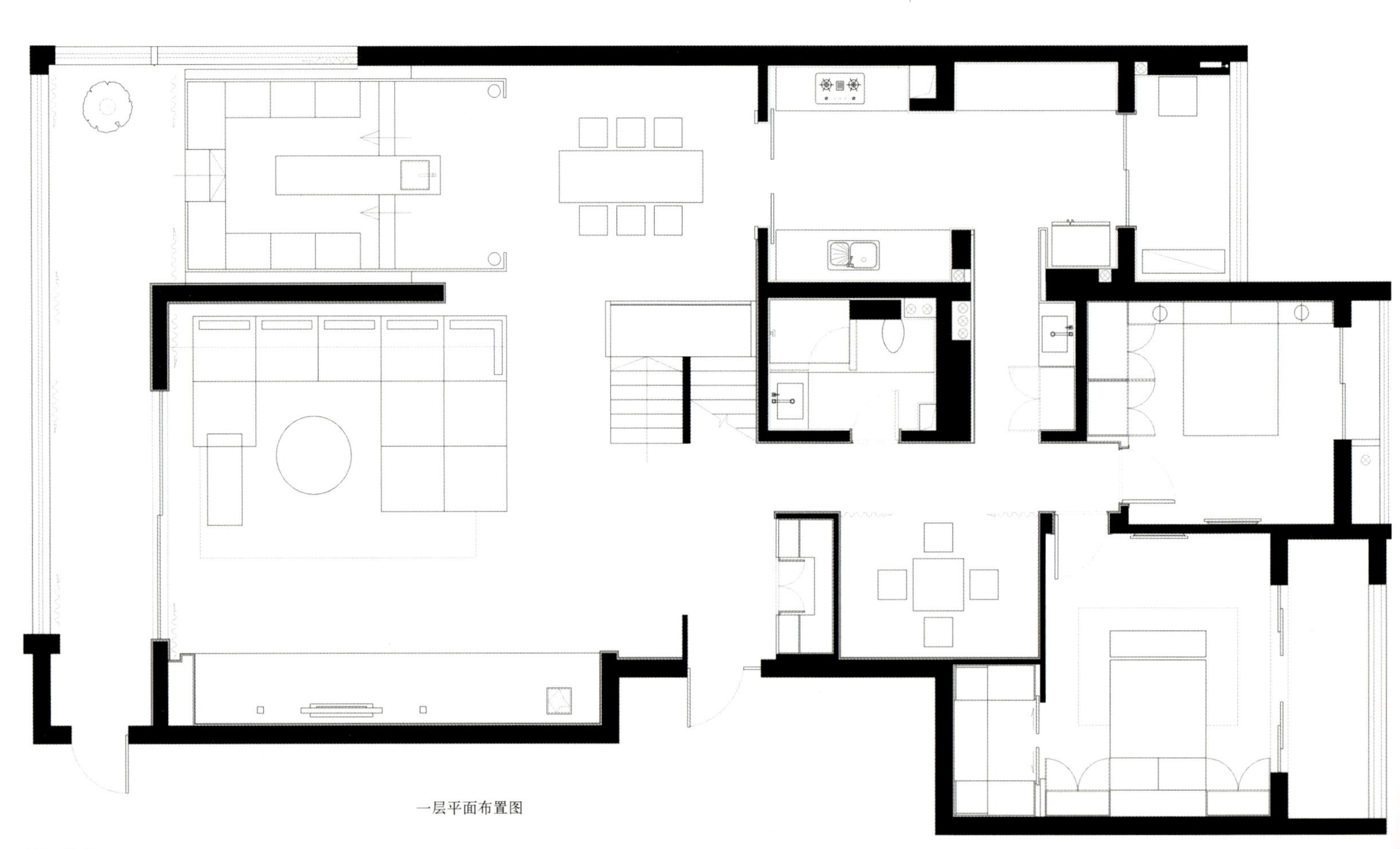

一层平面布置图

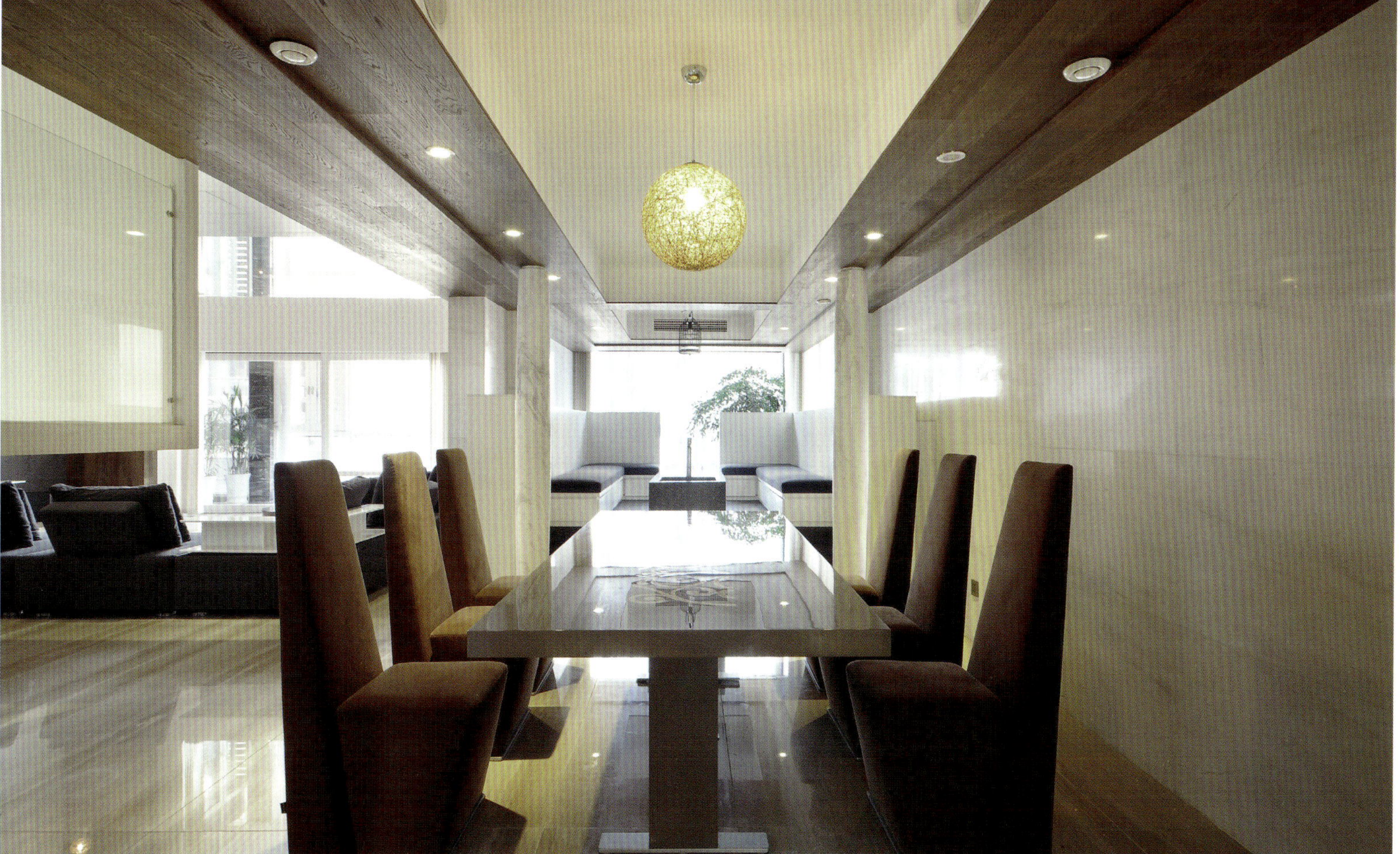

主案设计：
彭丽 Peng Li
博客：
http:// 1015805.china-designer.com
公司：
温州YOO佑空间设计
职位：
设计总监

奖项：
ICIAD 2007年度温州地区十大精锐设计师

项目：
温州家景花园越层

温州市物华天宝旁
Beside City Tianbao, Wenzhou

A 项目定位 Design Proposition
客户非常注重生活品质，在满足豪华大气又不失内涵的基础上，设计师适当地采用了中式元素的混搭，使得原本繁琐的欧式变得简单明快，又不失时尚感。

B 环境风格 Creativity & Aesthetics
楼梯背景突破传统的处理手法，运用水彩画的素材作了油画的肌理效果，加上个性的画框线条，雅致的墙纸装裱，并根据现场环境重新调整了色调，几种材质的完美搭配才形成了最后的亮点。

C 空间布局 Space Planning
此作品的布局除了传统的客厅中空，还增加了楼梯井、休闲区的中空效果，大理石弧形楼梯的镂空效果，使得整体空间豪华气派。

D 设计选材 Materials & Cost Effectiveness
设计师拿来橱柜的描金门板作参考，通过与家具厂的沟通磨合，设计了市场上没有的房门新款式，米灰色加描金的处理使得门板与整体空间相得益彰。

E 使用效果 Fidelity to Client
区别于一般的欧式，加上后期的用心搭配，整体色调轻松明快又不失豪华时尚。

Project Name_
Beside City Tianbao, Wenzhou
Chief Designer_
Peng Li
Location_
Wenzhou Zhejiang
Project Area_
400sqm
Cost_
3,000,000RMB

项目名称_
温州市物华天宝旁
主案设计_
彭丽
项目地点_
浙江 温州
项目面积_
400平方米
投资金额_
300万元

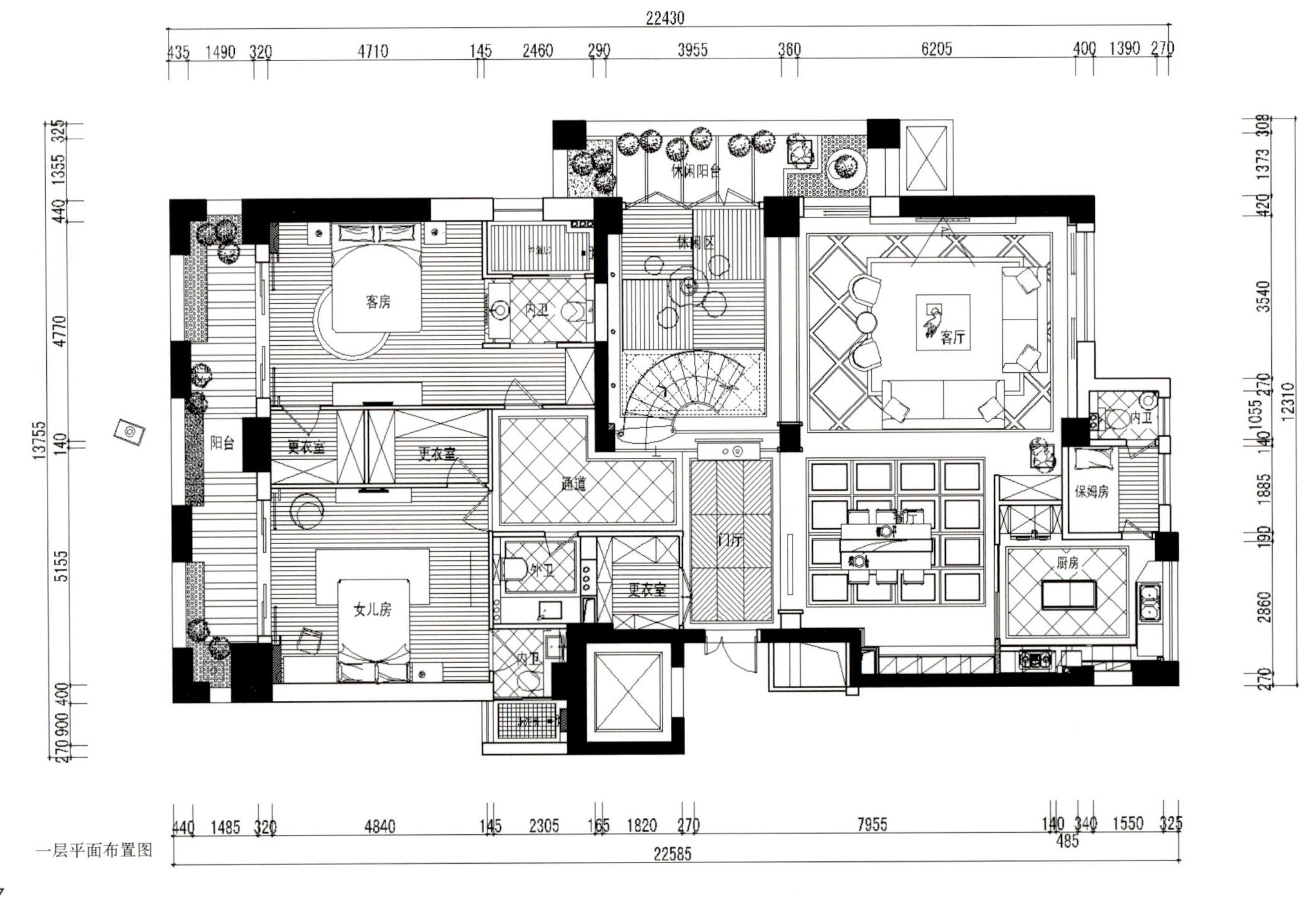

一层平面布置图

KAISHENG
HOME TEXTILE

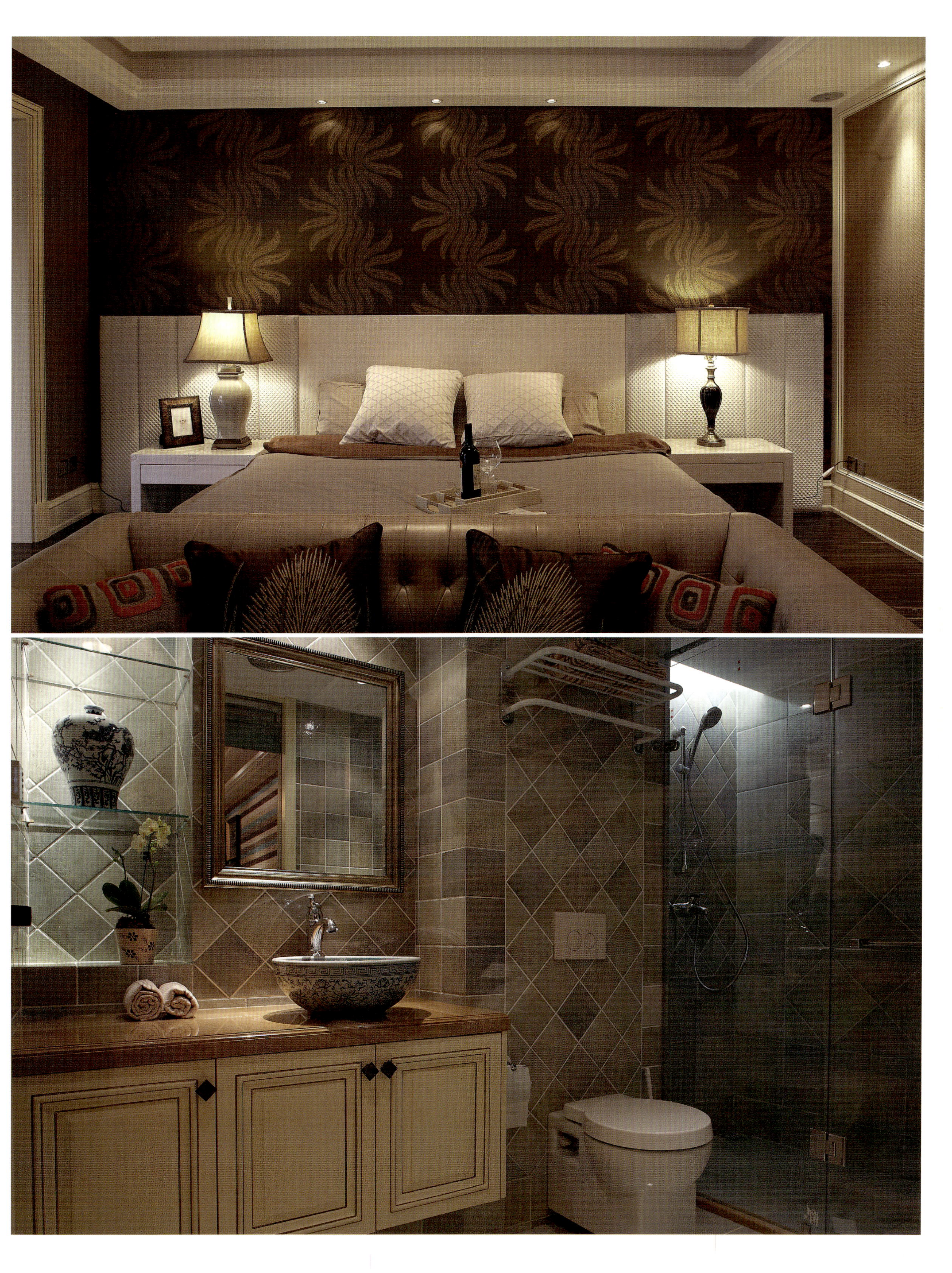

主案设计：
陶胜 Tao Sheng
博客：
http:// 793878.china-designer.com
公司：
南京登胜空间设计有限公司
职位：
创意总监

奖项：
2011年江苏省室内设计大奖赛公共空间工程类优胜奖
2011年中国国际空间环境艺术大赛．筑巢奖三等奖
2011年“金堂奖．中国室内设计年度评选”十佳别墅空间设计作品奖
2011年“好享家”南京室内设计大赛办公空间工程类一等奖

项目：
秀白
千秋公寓
深蓝
圣淘沙花城
美承数码客服中心
美承数码华东办公总部
艾贝尔宠物医院南京总院
原色

南京雅居乐天岳

Nanjing Good house Tianyue

A 项目定位 Design Proposition

本案为一套顶楼大平层户型，建筑面积260平米。开发商定位的客户群应为多人口家庭，而本案的为三口之家。原建筑的功能细分显得琐碎而局促。鉴于此我们对整个空间的平面布局做了比较大的改动，打破了常规的家庭布局模式。

B 环境风格 Creativity & Aesthetics

意在打造简洁舒适的家居环境。

C 空间布局 Space Planning

除了卧室、洗手间等，大部分功能区域都被模糊化，同时作为住宅本身的功能并不缺失。

D 设计选材 Materials & Cost Effectiveness

我们对整个空间的平面布局做了比较大的改动，打破了常规的家庭布局模式。

E 使用效果 Fidelity to Client

设计师以优美曲线贯穿起不同的区域，让家有并非一成不变的感觉，业主对这样的家非常的满意。

Project Name_
Nanjing Good house Tianyue
Chief Designer_
Tao Sheng
Participate Designer_
Shan Tingting, Xu Qinghua
Location_
Qinhuai Nanjing
Project Area_
260sqm
Cost_
1,500,000RMB

项目名称_
南京雅居乐天岳
主案设计_
陶胜
参与设计师_
单婷婷、徐青华
项目地点_
南京 秦淮区
项目面积_
260平方米
投资金额_
150万元

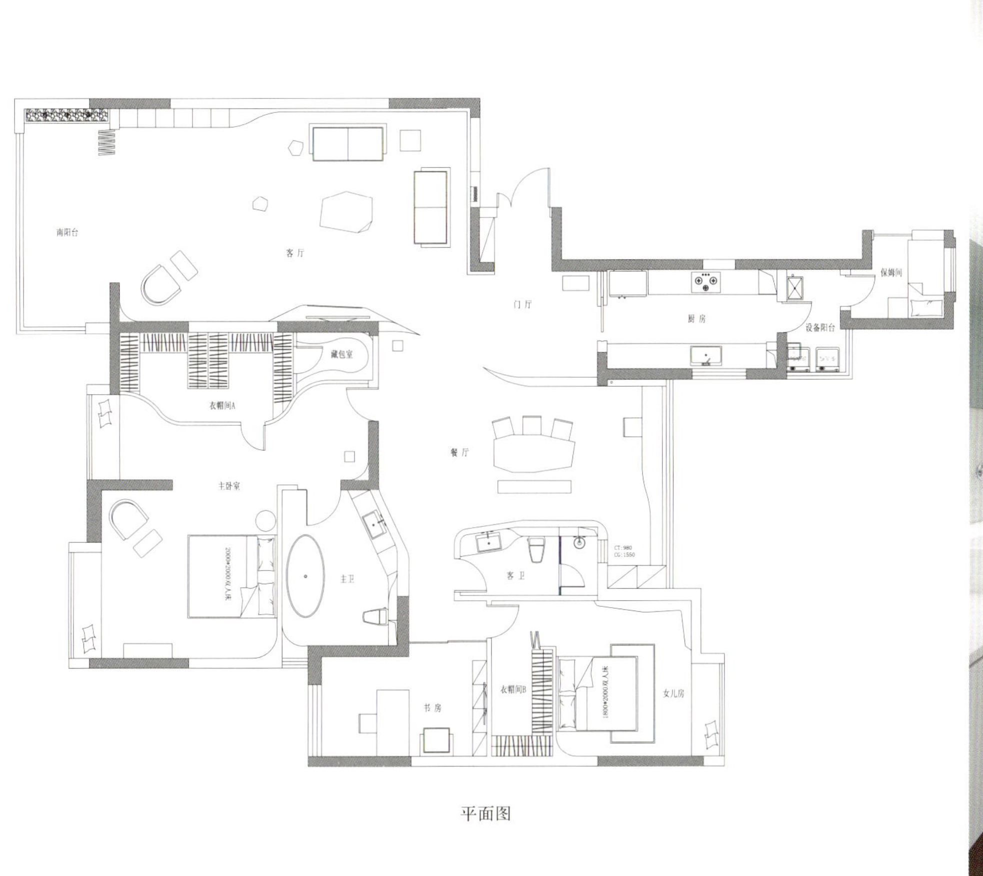

南阳台
客 厅
门 厅
厨 房
保姆间
设备阳台
藏包室
衣帽间A
餐 厅
主卧室
主卫
客 卫
CT:980
CG:1550
书 房
衣帽间B
1800*2000双人床
女儿房

平面图

主案设计：
冯易进 Feng Yijin
博客：
http:// 150715.china-designer.com
公司：
易百装饰（新加坡）国际有限公司
职位：
总经理、创意总监

奖项：
2008搜狐焦点全国室内设计明星大赛杭州赛区冠军
2008威能杯中国室内设计明星大赛全国银奖
2009年全国星榜杯80后十大杰出室内设计师
2010年搜狐设计师网络传媒最具人气奖
2011年金堂奖作品入围十佳别墅类

项目：
上海大同花园女性主题
非诚勿扰主题的家居环境

浮躁背后
Behind the Fickleness

A 项目定位 Design Proposition
在多尔康厂区行政楼设计一层以商务与住宅相结合的区域，以便做到办公与居住使用二者功能合二为一体的最佳优质环境。在现在企业里设置这样一个场所既人性又符合现代办公！

B 环境风格 Creativity & Aesthetics
以混搭来取代所谓的特定风格，一切以简约风格为主，在软装饰和家具搭配上考虑融合了随意的混搭，在简约中体现简式的生活态度和方式。以艺术玻璃画面“树”为主题的背景造型，空间气氛中有了一丝冷静，人便有了一份思考。

C 空间布局 Space Planning
偏厅进入是四扇大门，以大空间的会客厅为重点，适合本案的商务及居住结合的二者设计定位，一进门大餐厅和大厨房直现眼前。由于是工厂改造，中间原有的大梁将客厅与餐厅分为两部，由屏风来将大空间作为隔断，区域划分却不分空间感。餐厅边的厨房外都安排了沙发就坐。

D 设计选材 Materials & Cost Effectiveness
在大面积地面应用瓷砖，墙体应用玻璃，尽量减少大理石的应用，达到简约和环保效果。

E 使用效果 Fidelity to Client
业主是知名的企业家，由于工厂距离居住市区的家距离甚远。如此在这样的办公楼里设置，居住结合办公的环境，更适合业主的使用定位，在居住使用上更方便，在事业上也达到预计的效率。

Project Name_
Behind the Fickleness
Chief Designer_
Feng Yijin
Location_
Wenzhou Zhejiang
Project Area_
400sqm
Cost_
500,000RMB

项目名称_
浮躁背后
主案设计_
冯易进
项目地点_
浙江 温州
项目面积_
400平方米
投资金额_
50万元

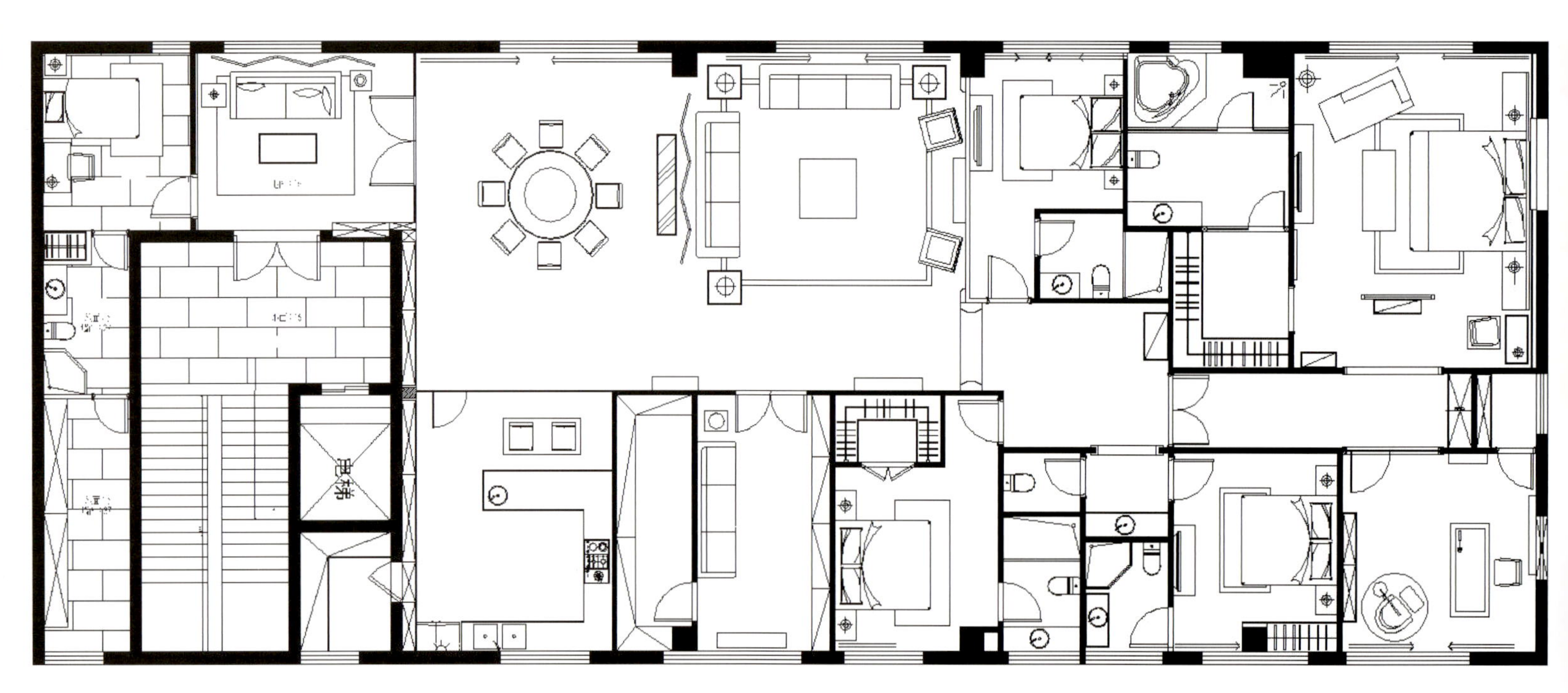

平面布置图

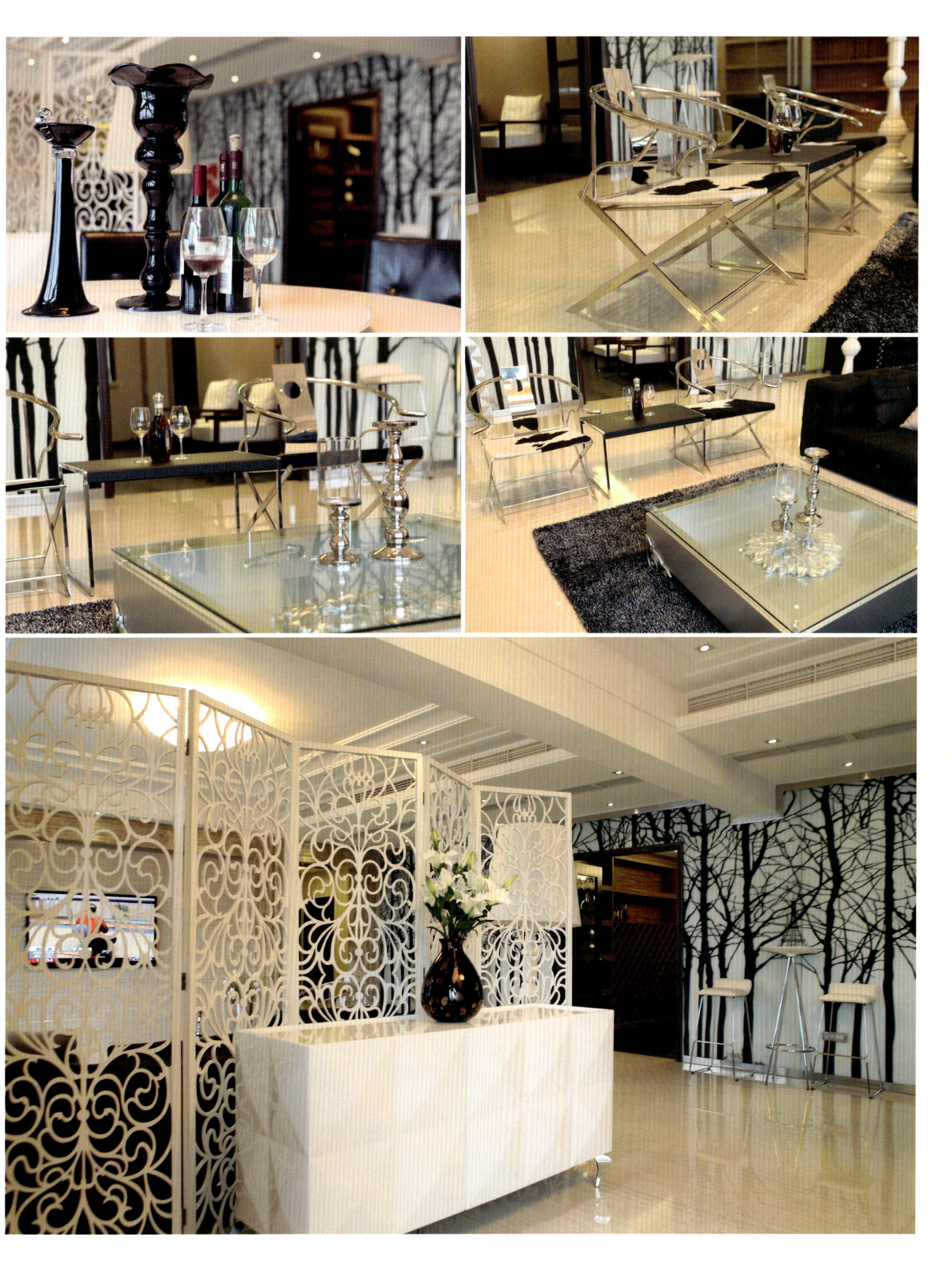

主案设计：
林卫平 Lin Weiping
博客：
http:// 802815.china-designer.com
公司：
林卫平设计师事务所
职位：
设计总监

奖项：

2007第二届东鹏杯全国室内设计大奖赛银奖
2008中国国际建筑及室内设计节“金外滩”入围奖
2008“青林湾杯”家居室内设计大赛金奖
2009中国室内空间环境艺术设计大赛优秀奖
2009第四届“大金公寓内装设计大赛”银奖
2009中国风-IAI 亚太室内设计精英邀请赛优秀奖
“海峡杯”2010年度海峡两岸室内设计大赛银奖

项目：

名石·名师·名宅（广东）
豪华别墅（深圳）
中国创意界（北京）
厨房世界（上海）
宁波装饰（宁波）
宁波设计（宁波）
中国最新顶尖样板房（深圳）

静·空间
Silent Space

A 项目定位 Design Proposition

设计师希望建构具有宁静特质的室内场域，在这样的氛围里安静思索。

B 环境风格 Creativity & Aesthetics

光，通透流转于空间肌理上。

C 空间布局 Space Planning

基于长形空间，设计师运用大量的白色纵向块面勾勒空间高度。

D 设计选材 Materials & Cost Effectiveness

结合对称性的灰色横向小块面排组，为厅区建构出丰富景深。

E 使用效果 Fidelity to Client

业主在这样的空间里，得到了非常好的放松。

Project Name_
Silent Space
Chief Designer_
Lin Weiping
Location_
Ningbo Zhejiang
Project Area_
135sqm
Cost_
700,000RMB

项目名称_
静·空间
主案设计_
林卫平
项目地点_
浙江 宁波
项目面积_
135平方米
投资金额_
70万元

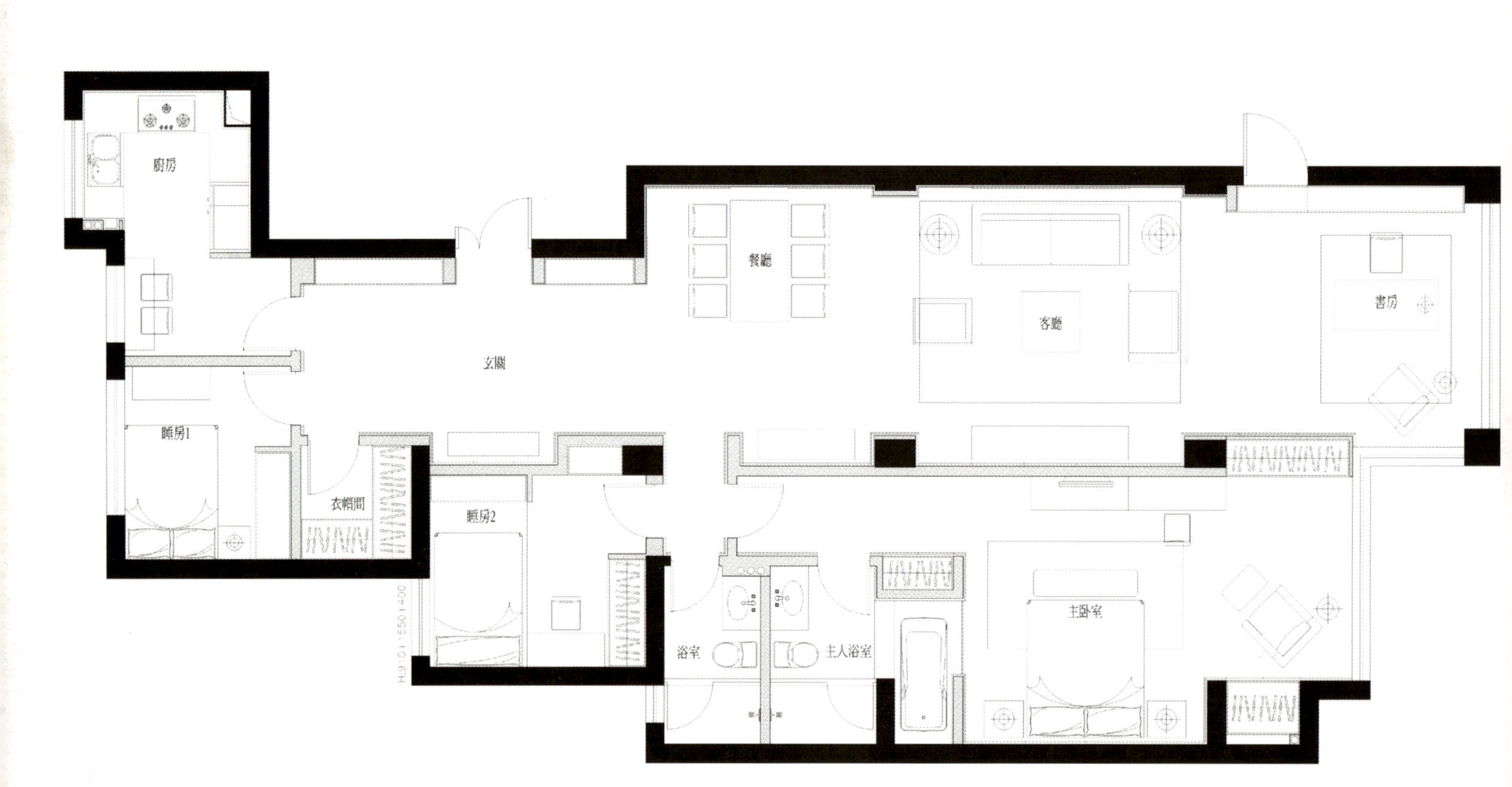

平面布置图

主案设计：
黄宇 Huang Yu
博客：
http:// 811222.china-designer.com
公司：
常州鸿鹄装饰设计工程有限公司
职位：
设计总监

奖项：
2005年获得中国室内设计大奖赛住宅类入围奖
2007年中国上海第六届建筑装饰设计大赛别墅类三等奖
2008年网络最佳人气设计师
2009年度获"上海十大新锐室内设计师"称号
2010年常州市"都来德·尼高杯"室内装饰银奖

项目：
大包的美式婚房
空-白
简约美式

常州永宁雅苑住宅——空白
Blank: Yongning Yayuan in Changzhou

A 项目定位 Design Proposition
此案例业主是一位企业主管，每天工作很忙，希望家是一个简单、温馨的空间。

B 环境风格 Creativity & Aesthetics
由于家具一开始就采购好了，主基调就定了，设计开始围绕家具和主风格定，力求简洁。

C 空间布局 Space Planning
将使用空间最大化。

D 设计选材 Materials & Cost Effectiveness
选用环保材料。

E 使用效果 Fidelity to Client
简洁，用偏浅灰色系的漆营造出宁静的效果。

Project Name_
Blank: Yongning Yayuan in Changzhou
Chief Designer_
Huang Yu
Location_
Changzhou Jiangsu
Project Area_
124sqm
Cost_
50,000RMB

项目名称_
常州永宁雅苑住宅——空白
主案设计_
黄宇
项目地点_
江苏 常州市
项目面积_
124平方米
投资金额_
5万元

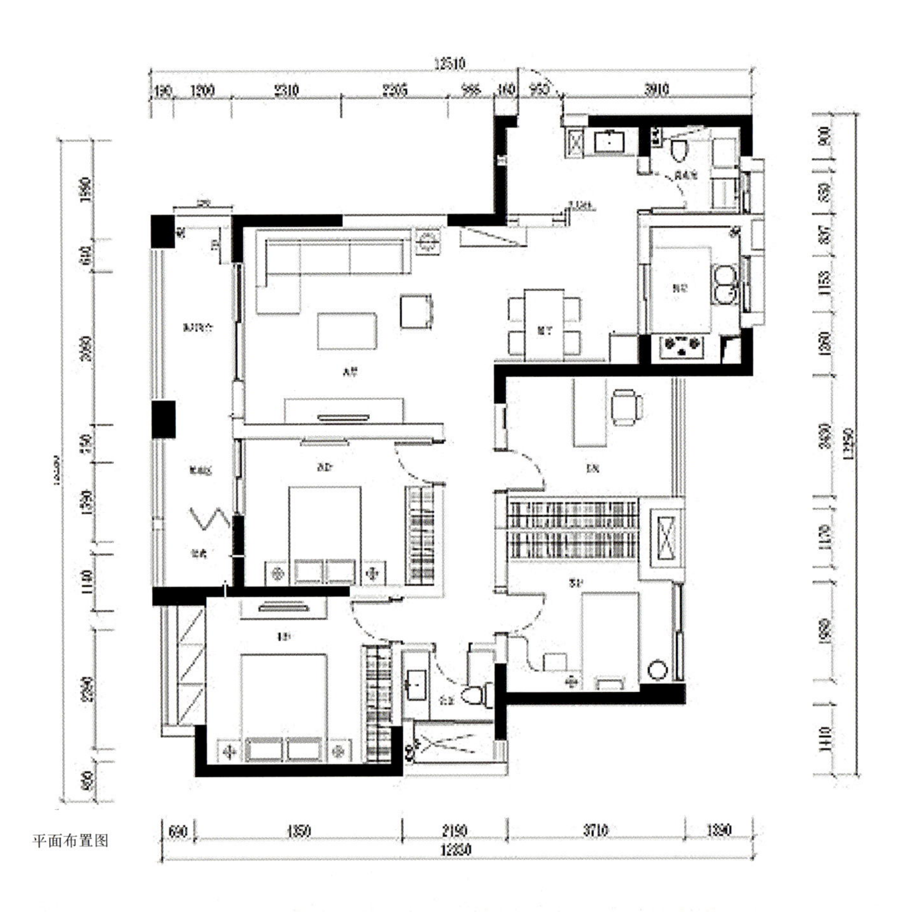

平面布置图

主案设计：
黄希 Huang Xi
博客：
http:// 1015250.china-designer.com
公司：
昆明中策装饰（集团）有限公司
职位：
精品级设计师

项目：
荷塘月色
佳园小区

镜面光影–浪漫东方

Mirror of Light-The Romantic East

A 项目定位 Design Proposition

本案的主人是位丽江人。而丽江的小桥流水，一米阳光。屋主对自由主义的喜爱也是对这种气息的传承。镜面光影，无需太多浓墨重彩，也不必单调成一条直线，只需要一面，却能阐述出整个空间的世界。

B 环境风格 Creativity & Aesthetics

在色彩搭配和风格上来讲，艳丽明快的泰式抱枕配上色调温和的沙发，红色的靠垫加黑色的座椅，既有一种视觉冲击感，同时也是一种撞色美的享受。暖色的花艺在昏黄柔和的灯光下格外妩媚。深色系列的吊灯与整体的格局融为一体。沙发的组成也是由三种风格结合在一起的。东南亚中的中式，现代中的东南亚。

C 空间布局 Space Planning

整个空间以“东方休闲”为基准，抛弃太多的形式设计。由于客厅的长度过长，于是设计师大胆的在客厅的背景墙上使用了镜面设计，偌大的镜子拉升了空间感，也使客厅的方正性更强。

D 设计选材 Materials & Cost Effectiveness

竖向的木条拉伸了地面用途天花板的高度，顺着天然的木制条无限延伸，进门处的屋顶同样使用了镜面与同色木材，不经意间将客厅的空间范围廓清得一清二楚，利用色彩、材质的统一，空间过渡更开阔，也更自然。

E 使用效果 Fidelity to Client

品味，自然，休闲于一体。从不同视角展现了不同的美，从不同的感觉体味不同的温暖。

Project Name_
Mirror of Light-The Romantic East
Chief Designer_
Huang Xi
Location_
Kunming Yunnan
Project Area_
160sqm
Cost_
350,000RMB

项目名称_
镜面光影-浪漫东方
主案设计_
黄希
项目地点_
云南 昆明
项目面积_
160平方米
投资金额_
35万元

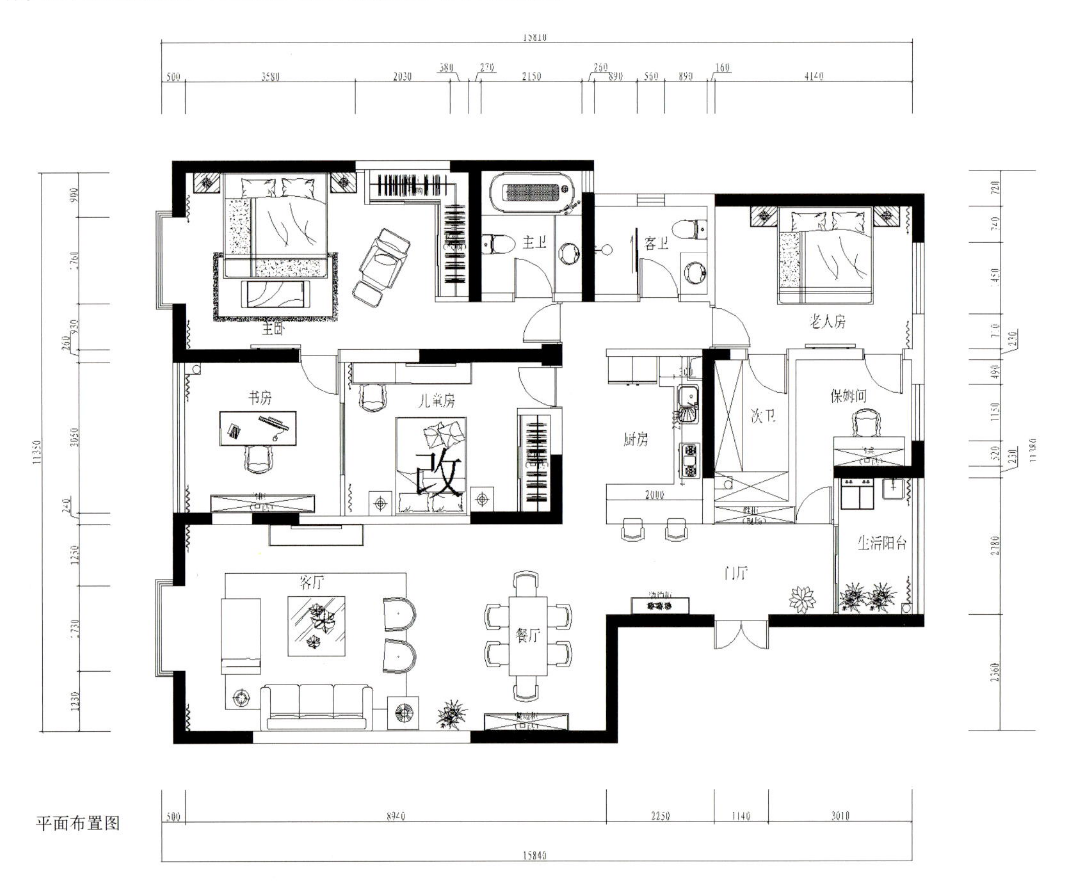

平面布置图

主案设计：
罗昊 Luo Hao
博客：
http:// 1015262.china-designer.com
公司：
重庆昊色堂建筑设计咨询有限公司
职位：
设计总监

奖项：

2011年12月CCTV-2专程来渝拍摄罗昊四套作品，交换空间[榜样空间]近期播出—[吉檀伽俐][魔法城堡][梦想说话][绿意]

2011年12月《装饰设计师》第56期《木客家具.龙湖MOCO旗舰店盛装开幕》

2012年1月CCTV-2专程来渝拍摄罗昊另一新作《绿野仙踪》

2012年3月《装饰设计师》第58期《绿野仙踪》

2012年《中华手工》第一期《问道于木，梦想说话》

2012年《居尚》第一期《邂逅吉檀迦利时光》

2012年《时尚家居》3月刊《周志明 小空间圈地运动》

2012年3月8日《渝报》NO.550《有灵魂的原木家具>

2012年《旁观者》连续报道《初雪》《吉檀迦利》等

2012年《家饰》第七期总第144期《魔法城堡里的自在生活》

魔法城堡
Magic Castle

A 项目定位 Design Proposition

一套小户型，通过合理的空间设计，尽最大可能满足住户的多方面需求。

B 环境风格 Creativity & Aesthetics

业主也是一位年轻的建筑设计师，充满了梦想与激情，喜欢追求时尚的生活品质。首先是解决它的空间和功能需求，用最简单的线条来描绘一种轻松的生活场景。

C 空间布局 Space Planning

采用曲线的交错关系来做到空间相互借用，满足各自功能上的不同需求，让这个一室一厅的户型，魔法般的变成了两室两厅，还多出了一个书房，并拥有了一个大大的衣帽间。

D 设计选材 Materials & Cost Effectiveness

主要采用的材料是：河沙、水泥、松木和加气砖，地表是自流平水泥和环氧树脂，墙面是白色乳胶漆。设计师巧妙运用这些环保材料。比如在刷涂墙面时滴落在地面的白色乳胶漆引发偶然的灵感，最后形成象牛奶滑落地面的有趣效果。

E 使用效果 Fidelity to Client

这套居室被央视交换空间“设计师之家”播出。今年也被《时尚家居》评为最实用奖。因为施工材料很环保，装修完就立马入住了，参观者众。

Project Name_
Magic Castle
Chief Designer_
Luo Hao
Location_
Chongqing
Project Area_
42sqm
Cost_
70,000RMB

项目名称_
魔法城堡
主案设计_
罗昊
项目地点_
重庆
项目面积_
42平方米
投资金额_
7万元

平面布置图

Taylor Swift

名家设计案例精选

《购物空间》
ISBN 978-7-5038-8710-9
定价：200.00 元

《办公空间》
ISBN 978-7-5038-8711-6
定价：200.00 元

《休闲空间》
ISBN 978-7-5038-8706-2
定价：200.00 元

《别墅空间》
ISBN 978-7-5038-8707-9
定价：200.00 元

《公共空间》
ISBN 978-7-5038-8708-6
定价：200.00 元

《酒店空间》
ISBN 978-7-5038-8709-3
定价：200.00 元

《住宅空间》
ISBN 978-7-5038-8712-3
定价：200.00 元

《餐厅空间》
ISBN 978-7-5038-8713-0
定价：200.00 元

《娱乐空间》
ISBN 978-7-5038-8704-8
定价：200.00 元

《样板间·售楼处空间》
ISBN 978-7-5038-8705-5
定价：200.00 元

图书在版编目（CIP）数据

住宅空间 / 《名家设计系列》编委会编 . -- 北京 : 中国林业出版社 , 2016.9
（名家设计系列）
ISBN 978-7-5038-8712-3

Ⅰ . ①住… Ⅱ . ①名… Ⅲ . ①住宅－室内装饰设计－图集 Ⅳ . ① TU241.02-64

中国版本图书馆 CIP 数据核字 (2016) 第 220071 号

《名家设计系列》编委会

主编：谢海涛
策划：纪　亮
编委：李有为　殷玉梅

中国林业出版社 · 建筑与家居出版分社

责任编辑：纪　亮　王思源
封面设计：吴　璠

出版：中国林业出版社（100009 北京西城区德内大街刘海胡同 7 号）
网站：http://lycb.forestry.gov.cn/
电话：（010）8314 3518
发行：中国林业出版社
印刷：北京利丰雅高长城印刷有限公司
版次：2016 年 10 月第 1 版
印次：2016 年 10 月第 1 次
开本：230 mm×287 mm，1/16
印张：11
字数：200 千字
定价：200.00 元